水文水资源技术与水利工程技术研究

SHUIWEN SHUIZIYUAN JISHU YU SHUILI GONGCHENG JISHU YANJIU

李　振　任　红　陈向前　著

哈尔滨地图出版社

Harbin Cartographic Publishing House

图书在版编目（CIP）数据

水文水资源技术与水利工程技术研究 / 李振 , 任红 ,
陈向前著 . -- 哈尔滨 : 哈尔滨地图出版社 , 2022.3
ISBN 978-7-5465-2474-0

Ⅰ . ①水… Ⅱ . ①李… ②任… ③陈… Ⅲ . ①水文学
—研究②水资源—研究③水利工程—工程技术—研究
Ⅳ . ① TV

中国版本图书馆 CIP 数据核字（2022）第 043799 号

哈尔滨地图出版社出版发行

（地址：哈尔滨市南岗区测绘路 32 号 邮政编码：150086）

哈尔滨市石桥印务有限公司印刷

开本：787 mm×960 mm　1/16　印张：13.125　字数：243 千字

2022 年 3 月第 1 版　2022 年 3 月第 1 次印刷

ISBN 978-7-5465-2474-0

印数：1-500　定价：60.00 元

内 容 简 介

　　水资源是人类繁衍过程中必不可少的自然资源，对国民经济的发展和人类社会延续有不可替代的作用。水利工程是国民经济的基础设施，是水资源合理开发、有效利用和水旱灾害防治的主要工程措施，在国民生产发展中占据重要地位。如何在保护水资源的同时，合理配合水利工程技术，充分利用水资源是我们亟须解决的事情。因此，本书将水资源技术与水利工程技术有机结合，首先针对当前的水资源开发利用现状，以水文环境保护与水资源可持续发展为核心，深入探讨了水文水资源开发与保护技术以及水资源可持续发展管理策略；然后以水利工程建设基础为切入点，重点探讨水利工程施工技术、施工组织管理及其质量控制。

　　本书结构严谨，内容丰富，可作为高等院校环境、水利等相关专业的参考用书，也可供从事水资源保护、水利工程建设的研究人员和工程技术人员参考使用。

前　言

　　水是人类及其他生物赖以生存的重要物质，也是工农业生产、社会经济发展和生态环境改善过程中所需的、极为宝贵的自然资源。然而，自然界中的水资源是有限的，人口增长与经济社会发展对水资源需求量不断增加，水资源短缺和水环境污染问题日益突出，严重困扰着人类的生存和发展。水问题已不再仅限于某一地区或某一时段，而成为全球性、长期的关注焦点。

　　水利工程原是土木工程的一个分支。由于水利工程本身的发展，逐渐具有自己的特点，其在国民经济中的地位日益重要，已成为一门相对独立的技术学科，但仍和土木工程的许多分支保持着密切的联系。水利建设关乎国计民生，水利工程建设是很重要的基础建设。我国水利工程建设取得了巨大的成就，三峡水利枢纽已成为世界水利建设水平的标志。我国水利工程建设正处在高潮，规模之大、矛盾之多、技术之难，举世瞩目；经济可持续发展与生态环境保护的责任，任重道远；人与社会与自然的和谐共处，需要大家共同努力去创建。基于此，我们特将水资源技术与水利工程技术有机地结合了起来，撰写了《水文水资源技术与水利工程技术研究》一书，希望本书的出版为我国水资源利用与水利工程技术的进步贡献一份力量。

　　本书共7章，主要内容包括：水文水资源概述、水资源开发与节水技术利用、水文环境保护技术、水文水资源可持续发展管理策略、水利工程建设基础、水利工程施工技术解读、水利工程施工组织设计与管理。

本书由枣庄市水文中心李振主持统稿，枣庄市岩马水库管理服务中心任红、枣庄市水文中心陈向前共同撰写完成（其中李振撰写了第一、二、六章内容，共计10万字，任红撰写了第三、七章内容，共计8万字，陈向前撰写了第四、五章内容，共计6.3万字）。在撰写过程中参考和引用了论文、专著和其他资料，在此仅向这些文献的作者表示衷心的感谢。对所有关心、支持本书撰写的人员，在此一并表示衷心的感谢！

　　由于时间仓促，撰者水平有限，缺点和错误在所难免，恳请广大读者批评指正。

作　者

2021 年 11 月

目　录

第一章　水文水资源概述

第一节　水文水资源内涵

水资源既是经济资源，也是环境资源。由于对水体作为自然资源这一基本属性的认识程度和角度的差异，人们对水资源的含义有着不同的见解，有关水资源的确切含义仍未有统一定论。

由于水资源的"自然属性"，人类对水资源的认识首先是对其"自然资源"含义的了解。自然资源是"参与人类生态系统能量流、物质流和信息流，从而保证系统的代谢功能得以实现，促进系统稳定有序不断进化升级的各种物质"，自然资源并非泛指所有物质，而是特指那些有益于、有助于人类生态系统保持稳定与发展的某些自然界物质，并对于人类具有可利用性。作为重要自然资源的水资源毫无疑问应具有"对于人类具有可利用性"这一特定的含义。

随着时代的进步，水资源的内涵也在不断地丰富和发展。较早采用这一概念的是美国地质调查局（USGS）。1894 年，该局设立了水资源处，其主要业务范围是对地表河川径流和地下水进行观测。此后，随着水资源研究范畴的不断拓展，要求对其基本内涵给予具体的定义与界定。

《大不列颠大百科全书》将水资源解释为："全部自然界任何形态的水，包括气态水、液态水和固态水的总量"，这一解释为水资源赋予了十分广泛的含义。实际上，资源的本质特性就体现在其"可利用性"。毫无疑问，不能被人类所利用的不能称为资源。基于此，1963 年英国的《水资源法》把水资源定义为："（地球上）具有足够数量的可用水"，在水环境污染并不突出的特定条件下，这一概念比《大不列颠大百科全书》的定义更为明确，强调了其在量上的可利用性。

联合国教科文组织（UNESCO）和世界气象组织（WMO）共同制定的《水资源评价活动——国家评价手册》中，定义水资源为："可以利用或有可能被利用的水源，具有足够数量和可用的质量，并能在某一地点为满足某种用途而可被利用。"这一定义的核心主要包括两个方面，其一是应有足够的数量，其二是强调了水资源的质量。有"量"无"质"，或有"质"无"量"均不能称为水资源。这一定义比英国《水资源法》中对水资源的定义更为明确，不仅考虑了水的数量，同时要求其必须具备质量的可利用性。

1988 年 8 月 1 日颁布实施的《中华人民共和国水法》将水资源认定为："地表水和地下水。"《环境科学词典》（1994）定义水资源为："特定时空下可利用的水，是可再利用资源，不论其质与量，水的可利用性是有限制条件的。"

《中国大百科全书》在不同的卷册中对水资源也给予了不同的解释。如在大气科学、海洋科学、水文科学卷中，水资源被定义为："地球表层可供人类利用的水，包括水量（水质）、水域和水能资源，一般指每年可更新的水量资源"；在水利卷中，水资源被定义为："自然界各种形态（气态、固态或液态）的天然水，并将可供人类利用的水资源作为供评价的水资源。"

引起对水资源的概念及其含义具有不尽一致的认识与理解的主要原因在于，水资源是一个既简单又非常复杂的概念。它的复杂内涵表现在：水的类型繁多，具有流动性，各种类型的水体具有相互转化的特性；水的用途广泛，不同的用途对水量和水质具有不同的要求；水资源所包含的"量"和"质"在一定条件下是可以改变的；更为重要的是，水资源的开发利用还受到经济技术条件、社会条件和环境条件的制约。正因为如此，人们从不同的侧面认识水资源，造成对水资源一词理解的不一致性及认识的差异性。

综上所述，水资源可以理解为人类长期生存、生活和生产活动中所需要的各种水，既包括数量和质量含义，又包括其使用价值和经济价值。一般认为，水资源概念具有广义和狭义之分。

狭义上的水资源是指人类在一定的经济技术条件下能够直接使用的淡水。

广义上的水资源是指在一定的经济技术条件下能够直接或间接使用的各种水和水中物质，在社会生活和生产中具有使用价值和经济价值的水都可称为水资源。

广义上的水资源强调了水资源的经济、社会和技术属性，突出了社会、经济、技术发展水平对于水资源开发利用的制约与促进。经济技术的发展，进一步扩大了水资源的范畴，原本造成环境污染的量大面广的工业和生活污水也成为水资源的重要组成部分，弥补水资源的短缺，从根本上解决长期困扰国民经济发展的水资源短缺问题；在突出水资源实用价值的同时，强调水资源的经济价值，利用市场理论与经济杠杆调配水资源的开发与利用，实现经济、社会与环境效益的统一。

鉴于水资源的固有属性，本书所论述的"水资源"主要限于狭义水资源的范围，即与人类生活和生产活动、社会进步息息相关的淡水资源。

第二节　水资源的特征

水资源是一种特殊的自然资源，它不仅是人类及其他生物赖以生存的自然资源，也是人类经济、社会发展必需的生产资料，它是具有自然属性和社会属性的综合体。

一、水资源的自然属性

（一）流动性

自然界中所有的水都是流动的，地表水、地下水、大气水之间可以互相转化，这种转化是永无止境的，没有开始也没有结束。特别是地表水资源，在常温下是一种流体，可以在地心引力的作用下，从高处向低处流动，由此形成河川径流，最终流入海洋（或内陆湖泊）。也正是由于水资源这一不断循环、不断流动的特性，才使水资源可以再生和恢复，为水资源的可持续利用奠定物质基础。

（二）可再生性

由于自然界中的水处于不断流动、不断循环的过程之中，使水资源得以不断地更新，这就是水资源的可再生性，也称可更新性。具体来讲，水资源的可再生性是指水资源在水量上损失（如蒸发、流失、取用等）后和（或）水体被污染后，通过大气降水和水体自净（或其他途径）可以得到恢复和更新的一种自我调节能力。这是水资源可供永续开发利用的本质特性。[①] 不同水体更新一次所需要的时间不同，如大气水平均每 8 d 可更新一次，河水平均每 16 d 更新一次，海洋更新周期较长，大约是 2500 年，而极地冰川的更新速度则更为缓慢，更替周期可长达万年。

（三）有限性

水资源处在不断的消耗和补充过程中，具有恢复性强的特征。但实际上全球

---

① 刘陶.经济学区域水资源管理中的实践［M］.武汉：湖北人民出版社，2014.

淡水资源的储量是十分有限的。全球的淡水资源仅占全球总水量的 2.5%，大部分储存在极地冰帽和冰川中，真正能够被人类直接利用的淡水资源仅占全球总水量的 0.8%。可见，水循环过程是无限的，水资源的储量是有限的。

（四）时空分布的不均匀性

受气候和地理条件的影响，不同地区水资源的数量差别很大，即使在同一地区也存在年内和年际变化较大、时空分布不均匀的现象，这一特性给水资源的开发利用带来了困难。如北非和中东很多国家（埃及、沙特阿拉伯等）降雨量少、蒸发量大，因此径流量很小，人均及单位面积土地的淡水占有量都极少。相反，冰岛、厄瓜多尔、印度尼西亚等国，以每公顷土地计的径流量比贫水国高出 1000 倍以上。在我国，水资源时空分布不均匀这一特性也特别明显。由于受地形及季风气候的影响，我国水资源分布南多北少，且降水大多集中在夏秋季节的三四个月里，水资源时空分布很不均匀。

（五）多态性

自然界的水资源呈现多个相态，包括液态水、气态水和固态水。不同形态的水可以相互转化，形成水循环的过程，也使得水出现了多种存在形式，在自然界中无处不在，最终在地表形成了一个大体连续的圈层——水圈。

（六）环境资源属性

自然界中的水并不是化学上的纯水，而是含有很多溶解性物质和非溶解性物质的一个极其复杂的综合体，这一综合体实质上就是一个完整的生态系统，使得水不仅可以满足生物生存及人类经济社会发展的需要，同时也为很多生物提供了赖以生存的环境，是一种环境资源。

二、水资源的社会属性

（一）公共性

水是自然界赋予人类的一种宝贵资源，它是属于整个社会、属于全人类的。社会的进步、经济的发展离不开水资源，同时人类的生存更离不开水。获得水的权利是人的一项基本权利。2002 年 10 月 1 日起施行的《中华人民共和国水法》第三条明确规定，"水资源属于国家所有，水资源的所有权由国务院代表国家行使"；第二十八条规定，"任何单位和个人引水、截（蓄）水、排水，不得损害公共利益和他人的合法权益"。

（二）多用途性

水资源的水量、水能、水体均各有用途，在人们生产生活中发挥着不同的功能。人们对水的利用可分为三类，即：城市和农村居民生活用水；工业、农业、水力发电、航运等生产用水；娱乐、景观等生态环境用水。在各种不同的用途中，消耗性用水与非消耗性、低消耗性用水并存。不同的用水目的对水质的要求也不尽相同，使水资源具有一水多用的特点。

（三）商品性

水资源也是一种战略性经济资源，具有一定的经济属性。长久以来，人们一直认为水是自然界提供给人类的一种取之不尽、用之不竭的自然资源。但是随着人口的急剧膨胀，经济社会的不断发展，人们对水资源的需求日益增加，水对人类生存、经济发展的制约作用逐渐显露出来。人们需要为各种形式的用水支付一定的费用，水成了商品。水资源在一定情况下表现出了消费的竞争性和排他性（如生产用水），具有私人商品的特性。但是，当水资源作为水源地、生态用水时，仍具有公共商品的特点，所以它是一种混合商品。

（四）利害两重性

水是极其珍贵的资源，给人类带来很多利益。但是，人类在开发利用水资源的过程中，由于各种原因也会深受其害。比如，水过多会带来水灾、洪灾，水过少会出现旱灾；人类对水的污染又会破坏生态环境、危害人体健康、影响人类社会发展等。正是由于水资源的双重性质，在水资源的开发利用过程中尤其强调合理利用、有序开发，以达到兴利除害的目的。

第三节　水问题现状及其影响

一、当今世界所面临的三大水问题

当今世界所面临的水问题可概括为三个方面：干旱缺水（水少）、洪涝灾害（水多）和水环境恶化（水脏）。这三个方面不是完全独立的，它们之间存在着一定的联系，往往在一个问题出现时，也伴随其他问题产生。如我国西北地区石羊河流域，由于中上游地区对水资源的大量开发导致下游民勤盆地来水量锐减，这又引起当地对地下水资源的过度开采、重复利用，地下水的多次使用、转化引起水体矿化度增高、耕地盐碱化加重等水环境问题。下面对这三大水问题分别进行说明。

（1）干旱缺水，是当今和未来主要面临的水问题之一。一方面，由于自然因素的制约，如降水时空分布不均和自然条件差异等，导致某些地区降雨稀少、水资源紧缺，如南非、中东地区以及我国的西北干旱地区等；另一方面，随着人口增长和经济发展，对水资源的需求量也在不断增加，从而出现"水资源需大于供"的现象。

（2）洪涝灾害，是缺水问题的对立面。由于水资源的时空分布不均，往往在某一时期，世界上许多地区干旱缺水的同时，在另一些地区又出现因突发性降水过多而形成洪涝灾害的现象，这也是地球整体水量平衡的一个反映。此外，由于全球气候变化加上人类活动对水资源作用的加剧，导致世界上洪涝灾害发生的概率在宏观上是逐步加大的，洪水造成的危害也在加大。近年来，全球范围内的洪涝灾害时有报道。可以肯定，随着都市化的迅速发展，城市洪灾对经济社会发展带来的负面影响和潜在威胁将日益加重和扩大。

（3）水环境恶化，是人类对水资源作用结果最直接的体现，也是三大水问题中影响面最广、后果最严重的问题。随着经济社会的发展、都市化进程的加快，排放到环境中的污水、废水量日益增多。据估计，2000年前后世界每年有超过420 km³的污水排入江河海湖，污染了5500 km³的淡水，约占全球径流总量的14%以上。并且随着今后的发展，这个数值还会增加。水环境恶化，一方面降低了水资源的质量，对人们身体健康带来不利影响；另一方面由于水资源被污染，原本可以被利用的水资源失去了使用价值，造成"水质型缺水"，加剧了水资源短缺的矛盾。

要解决当今世界所面临的三大水问题，首先，要加强水资源科学问题的研究，为科学解决水问题提供理论依据；其次，需要全人类的广泛参与，加大水资源的投资，尽量避免水问题的发生；第三，要加强水资源规划与管理的力度，确保所制定的水资源规划全面、翔实、具有前瞻性，并考虑经济社会发展与生态环境保护相协调；确保水资源管理落到实处，使水资源得以合理开发、利用和保护，防止水害，充分发挥水资源的综合效益。

二、我国面临的水问题

我国地处中纬度，受气候条件、地理环境及人为因素的影响，曾经是一个洪涝灾害频繁、水资源短缺、生态环境脆弱的国家。新中国成立后，水利建设工作取得了很大的进展，初步控制了大江大河的常遇洪水，形成了6107.2亿 m³（2011年统计数据）的年供水能力，有效灌溉面积从2.4亿亩（1亩 = 666.67 m²）扩大到9.25亿亩（2011年统计数据）。但在很多地区，水的问题仍然是限制区域经济和社会可持续发展的瓶颈。从全国范围看，我国面临的水问题主要有以下三方

面。[a]

一是防洪标准低，洪涝灾害频繁，对经济发展和社会稳定威胁较大。20 世纪 90 年代至 21 世纪初，我国几大江河发生了 6 次比较大的洪水，损失近 9000 亿元。特别是 1998 年发生在长江、嫩江和松花江流域的特大洪水，造成全国 29 个省（自治区、直辖市）农田受灾面积 2229 万 hm²，死亡 4150 人，倒塌房屋 685 万间，直接经济损失 2551 亿元。2011 年全国有 260 多条江河发生超警戒线洪水，钱塘江发生 1955 年以来的最大洪水，汉江上游、嘉陵江、黄河泾洛渭流域同时发生严重秋汛。总体来看，近年来，国家加大了对防洪工程的投入，一些重要河流的防洪状况得到了很大改善，然而从全国范围来看，防洪建设始终是我国的一项长期而紧迫的任务。

二是干旱缺水日趋严重。在满足目前正常用水需求同时又不超采地下水的前提下，全国年缺水总量约为 400 亿 m³。农业、工业以及城市都普遍存在缺水问题，尤其以农业缺水最为严重。20 世纪 70 年代，我国农田年均受旱面积为 1.7 亿亩，到 20 世纪 90 年代增加到 4 亿亩，农业年缺水量达到 300 亿 m³。2000 年全国大旱，两季累计受旱面积 3300 万 hm²，成灾面积 2700 万 hm²，绝收面积 600 万 hm²；2011 年，北方冬麦区、长江中下游和西南地区连续出现三次大范围严重干旱。城市和农村生活用水也受到水资源短缺的严重影响。目前农村有 3000 多万人饮水困难，1/4 人口饮用水达不到国家饮用水卫生标准；全国 663 个城市中，有 400 多个出现供水不足的现象，其中近 150 个城市严重缺水，日缺水量达 1600 万 m³。可见，干旱缺水严重制约了我国经济社会尤其是农业的稳定发展，影响到国民的生活质量和城市化发展。

三是水环境恶化。近些年，我国水体的水质状况总体上呈恶化趋势。1980 年全国污废水排放量为 310 多亿 m³，1997 年为 584 亿 m³，2011 年为 807 亿 m³。受污染的河长也逐年增加，在 2011 年全国水资源质量评价的约 18.9 万 km 河长中，水质 VI 类及以下的河长占 45.8%。全国 90% 以上的城市水域受到不同程度的污染。此外，土壤侵蚀、河流干枯断流、河湖萎缩、森林、草原退化、土地沙化、部分地区地下水超量开采等诸多问题都严重影响了水环境。

随着未来人口增加和经济发展，我国的水问题将更加突出。总体来看，造成我国水问题严峻形势的根源主要有以下两个方面。

一是自然因素，这与气候条件的变化和水资源的时空分布不均有关。在季风

a　毛春梅.水资源管理与水价制度［M］.南京：河海大学出版社，2012.

气候作用下，我国降水时空分布不平衡。在我国北方地区，年降水量最少只有40 mm，最多也仅600 mm。而长江流域及其以南地区，年降水量均在1000 mm以上，最高超过2000 mm。气候变化对我国水资源的年际变化产生很大影响，从长期气候变化来看，在近500年中，我国东部地区偏涝型气候多于偏旱型，而近百年来洪涝减少，干旱增多。在黄河中上游地区，数百年来一直以偏旱为主。

二是人为因素，这与经济社会活动和人们不合理地开发、利用和管理水资源有关。目前我国正处于经济快速增长时期，工业化、城市化的迅速发展以及人口的增加和农业灌溉面积的扩大，使得水资源的需求量不可避免地迅猛增加。长期以来，由于不能统筹安排水资源的开发、利用、治理、配置、节约和保护，不仅造成了水资源的巨大浪费，破坏了生态环境，还加剧了水资源的供需矛盾，突出表现为：

（1）流域缺乏统一管理，上下游同步开发，造成用水紧张，同时下游由于来水减少而导致河道萎缩甚至干涸。如西北内陆区塔里木河下游约300 km河道干涸；黄河于1978年出现断流，20世纪90年代几乎年年断流（仅1997年就累计断流226天），这都是由于中游地区用水量加剧，无节制的引水所造成的。

（2）过度开采地下水，造成地下水资源枯竭。地下水是我国北方地区的重要水源，然而由于经济发展导致对地下水开采的迅猛增加，从而引发了一些负面影响，如海水入侵、地下水质恶化、城市地面沉降等。

（3）水资源浪费严重。目前，我国一些地区的农业灌溉仍采用漫灌、串灌等十分落后的灌溉方式，2000年农业用水平均有效利用系数仅为0.4左右，2011年提高到0.51，而发达国家已实现了农田的喷灌、滴灌化和输水渠道的管道化，水资源利用系数达到0.7～0.8。同时，由于水价偏低，城市居民节水意识较差，因此造成城市生活用水浪费十分严重，其中仅供水管道跑冒滴漏损失的水资源量就占总供水量的20%以上。

（4）污废水大量排放，造成水资源污染严重。随着经济社会的迅速发展，工业和城市的污废水排放量增长很快，而相应的污水处理设备和措施往往跟不上，从而造成对水资源的严重污染，导致有水不能用，即出现"水质型缺水"，如淮河流域、海河流域、长江三角洲和珠江三角洲的一些缺水地区就属于这种类型缺水。

（5）人类活动破坏了大量的森林植被，造成区域生态环境退化，水土流失严重，洪水泛滥成灾。一方面，造成了河道冲沙用水量增加；另一方面，又使一部分本可以成为资源的水，却以洪水的形式宣泄入海，极大地减少了可用水资源的数量。

三、水问题带来的影响

水资源短缺、洪涝灾害、水环境污染等水问题严重威胁了我国乃至世界范围内的经济社会发展，其造成的社会影响主要表现在以下几个方面。

（一）水资源紧缺会给国民经济带来重大损失

目前，我国水资源短缺现象越来越严重，尤其是北方地区，水资源的开采量已接近或超过了当地的水资源可利用量。目前，全国每年因缺水造成的直接经济损失达 2000 亿元，仅胜利油田 1995 年因黄河断流造成的减产损失就达 30 亿元。同时，水资源短缺又引起农业用水紧张，北方地区由于缺水而不得不缩小灌溉面积和有效灌溉次数，致使粮食减产，干旱缺水成为影响农业发展和粮食生产的主要制约因素之一。

（二）水资源问题将威胁到社会安全稳定

自古以来，水灾就是我国的众灾之首，"治国先治水"是祖先留下的古训。每次大的洪水过后，不仅造成上千亿元的经济损失，还给灾区人民的生产生活造成极大的破坏，使他们不得不再次体会重建家园的艰辛。同样，水环境质量变差也会危及人民的日常生活稳定，20 世纪 90 年代汉江中下游曾发生了三次严重的水华事件，不仅给沿岸自来水厂造成上百万元的经济损失，还直接危及中下游地区城市居民的供水安全。1991 年由国际水资源协会（IWRA）在摩洛哥召开的第七届世界水资源大会上，提出了"在干旱或半干旱地区，国际河流和其他水源地的使用权可能成为两国间战争的导火线"的警告。在几次中东战争中，军事双方都曾出现以摧毁对方供水系统为作战目标的情况。可以说，水问题的各个方面都与社会的安全稳定息息相关。

（三）水资源危机会导致生态环境恶化

水不仅是经济社会发展不可替代的重要资源，同时也是生态环境系统不可缺少的要素。随着经济的发展，人类社会对水资源的需求量越来越大，为了获取足够的水资源以支撑自身发展，人类过度开发水资源，从而挤占了维系生态环境系统正常运转的水资源量，结果导致了一系列生态环境问题的出现。例如，我国西北干旱地区水资源天然不足，为了满足经济社会发展的需要，当地盲目开发利用水资源，不仅造成水资源的减少，加重水资源危机，同时使得原本十分脆弱的生态环境进一步恶化，天然植被大量消亡、河湖萎缩、土地沙漠化等问题的相继出现，已经危及人类的生存与发展。目前，水资源短缺与生态环境恶化已经成为制约部分地区经济社会发展的两大限制性因素。

综上所述，我国水资源所面临的形势非常严峻。如此局面产生的原因，一部分是自然因素，与水资源时空分布的不均匀性有关；另一部分是人为因素，与人类不合理地开发、利用和管理水资源有关。如果在水资源开发利用上没有大的突破，在管理上没有新的转变，水资源将很难满足国民经济迅速发展的需要，水资源危机将成为所有资源问题中最为突出的问题，它将威胁到我国乃至世界的经济社会可持续发展。

第四节　水资源开发可持续发展

一、水资源可持续利用的思考

发展是人类社会永恒的主题，只有社会经济持续发展才能创造丰富的物质财富和高度的精神文明。当今实现持续发展的物质基础之一，水及其环境受到严峻的挑战，水资源短缺、水环境污染及洪涝灾害严重地威胁和制约着人类的可持续发展。世界水资源研究所认为，全世界有 26 个国家约 2.32 亿人口已经面临缺水，另有 4 亿人口用水的速度超过了水资源更新的速度，世界上约有 1/5 人口得不到符合卫生标准的淡水。世界银行认为，占世界 40% 的 80 多个国家在供应清洁水方面有困难。全世界，水污染每年致死 2500 万人（其中主要是发展中国家），传播最广泛的疾病中的半数都是直接或间接通过水传播的。我国作为全球 13 个贫水国之一，承受的缺水压力是巨大的，同时，我国还是一个洪涝灾害频发的国家，常年面临着洪涝危害，1998 年长江、松花江、嫩江大水使人难以忘却，损失破坏严重。摆在社会经济发展面前日益严重的水资源问题，已成为制约发展的要素。如何处理人与水、经济与水、社会与水及发展与水的关系，不仅是技术问题，更是社会和伦理问题。认清产生问题的原因是必要的，采取辩证积极的态度处理问题，解决发展中的困难和与水资源环境的冲突，才可达到人类社会与自然的和谐，才可实现人类社会的可持续发展。

（一）水资源危机发生的必然性

长期以来，人们普遍认为水资源是天赐之物，取之不尽，用之不竭，甚至随意开采、使用和浪费。我国近几十年的时间里，就经历了供大于需，供需基本持平，到供小于需的水资源危机过程。当前，水资源危机不仅没有缓解，还呈现出更加严峻的趋势。水资源危机的产生，与水资源量及时空分布较之社会经济发展不相平衡有关，更与人们开发利用和管理水资源的指导思想、政策和措施有必然的联系。在我国引发水资源危机的原因和类型可归纳为：①由于人口、工业、商贸经济、旅游娱乐等发展需水超过了水资源及其环境的承受能力，造成资源匮乏型缺水；②随着社会经济建设迅速发展，各项建设活动和人流、物流等的加速运转，而缺乏对用水活动的有效管理，各种废污水随着用水增加而剧增，并随着用水种类的多样化而日趋复杂，水环境污染严重，破坏了水资源产生和存在的空间，造成水污染型缺水；③在一些平原地区，由于地表水不足，地下水埋深浅，水质欠佳，优质淡水埋藏较深，补给更新慢，储量有限，构成缺乏合格供水水质型缺水；④在一些中小城市，由于开源供水工程或给水管网配套设施建设不足，造成因供水工程不足型缺水；⑤在开发利用水的历史中，水的管理常被理解为管理河湖水和已建供水工程，需水被认为是不可改变的，管理主要是寻找水源和建设新的供水工程，扩大供水成为追求的目标，缺水时不首先从开发利用水的行为中寻找原因和解决问题的办法，也不太注重水资源的存在价值和使用价值，缺乏有力的按市场经济规律运作水资源的战略措施，造成盲目开采、用水浪费、环境污染，从而引发重开源、轻节流、重污染、弱管理型缺水。

综上所述，今天日益严重的缺水危机，无论是因自然、工程、社会经济原因引起，还是由于社会经济规模超过了水资源及其环境的承载能力，核心问题是在社会经济建设与发展中，忽视水资源条件的限制性作用，忽视对水的有效管理，忽视水资源—经济—社会—环境的协调，忽视水源—供水—用水—排水及水处理回用间的系统性、循环性和相互激励性关系。这些自然和人为的因素，使得社会经济发展到一定程度时发生水资源危机成为必然现象。

（二）对水资源环境与人类关系的认识

水资源具有可再生性与有限性、时空分布不均与广泛社会多功能性，同时，水资源与其相互依存的自然环境，更有易破坏、较脆弱的特性。水资源不仅与人类日益增长的水需求存在矛盾，还受到自然环境和人的行为的限制和影响，没有良性循环的自然环境，就不可能有可供持续开发利用的水资源，也就不会有持续发展的人类社会，所以，水资源、自然环境、人类社会在存在与发展关系上，是有机的辩证统一体。今天面临的诸多水环境问题、水社会问题，就是忽略了对这一辩证统一体的正确认识和合理处理。

在人与水的关系认识上，人们的注意力和着眼点仍是更多地放在开源上，努力寻求如何满足人类日益增长的用水要求，忽视水资源及其相互依存的自然环境的客观容纳能力、运移变化规律，在开发利用水资源的过程中，既缺乏对资源环境成本的重视，也忽视对环境、社会、经济综合效益的协调处理。发生缺水时，也多不从供、用水行为中寻找原因，寻求解决问题的办法，破坏了资源环境系统与人类社会生活生产系统的和谐。

水资源开发利用上存在的问题，在很大程度上是受工业时代与人类对自然规律认识的局限性，而导致的行为盲目性，过高地估计了技术、经济的能力所致，没按客观事物生存发展的规律办事，没有认识、协调好人、经济、社会与资源、环境间的系统性、整体性及有机性的关系。

在我们重新审视生命之源——水时，应围绕自然与水、人与水、生产与水、经济与水、社会可持续发展与水的辩证关系，由单一关系向多元化转变，由依赖转向制约，从思想观念到理论技术，到人类社会的行为模式，总结出一条人与自然、人与社会、人自身行为间和谐地相依相伴、相生相长的资源环境可持续开发利用与经济建设和社会可持续发展的道路。

（三）思辨关系的转变

国民经济建设与社会发展是人类永恒的主题。当代和后代，穷国和富国，穷人和富人都需要发展，如何发展是摆在世人面前的严峻课题。但有一点是清楚的，那就是必须改变发展中的"资源高消耗、环境高污染、人类高消费"的模式。人类社会的发展应纳入资源—社会—经济—环境这个开放复合系统中，把资源环境的承载能力和可持续利用潜力作为这个系统的约束机制，人的思想观念、经济技术能力是保障和促使整个系统协调运行，并给人类的生存发展创造更多的财富，提高人类的生活生产质量的动力。

在人与自然的关系上，要适当立法，即人类在了解掌握自然规律之后，为了改造自然，使自然按照人的目的有序地进行而建立某种体系和评价原则。在立法中应遵循天道原则、人道原则、自然与人类和谐的原则。天道原则系指人的立法活动应有利于维护自然演化的正常秩序，而不是导致和促使其恶性循环，应有利于保持自然系统的稳定进化，而不是引起和加剧其突变和退化；人道原则系指人为自然立法活动应着眼于人类社会的整体利益与长远利益，遵循人类社会持续发展进步的必然要求和客观规律，合乎人道主义精神；自然与人类和谐原则系指人在为自然立法过程中，不仅要同时兼顾自然界和人类社会各自的发展规律，而且要遵循自然与人类的共同规律和相互作用机制。人的一切行为都要维护和促进自然与人类关系的和谐。

水作为人类所必需而不可替代的自然资源，从水资源与国民经济建设与社会发展的关系看，既要保障水资源开发利用的有效性、连续性和持久性，又要使开发利用满足国民经济建设和社会发展的需求，两者必须相互协调。没有可持续开发利用的水资源及其良性存在的自然环境，就无从谈及国民经济和社会的持续、稳定、健康发展。相应地，国民经济和社会的发展以牺牲环境、耗竭资源为代价，在经济社会发展的同时，不提高和深化人们的思想观念和规范人类的行为，用先进的理论技术指导开发利用资源环境的战略和措施，则会反作用于水资源及其自然环境系统，影响甚至破坏水资源开发利用的可持续性。因此，必须十分注意水资源环境与人、经济、社会之间存在的互馈影响和牵制作用。

（四）解决水资源危机是人类社会发展的紧迫任务

缺水势必严重影响粮食生产、工业发展、人民生活和社会稳定，以及环境卫生状况。国民经济建设与发展每上一个台阶都必须有安全的用水作为支撑，否则，不仅不能实现发展，还会影响和破坏原有已经取得的成效，"不尽则退，不用则废"的基本规则，同样适用于水对社会经济建设与发展的保障作用。

到 2030 年我国人口将达到 16 亿，人均占有水资源量会减少 1/5。在今后几十年里我国经济增长仍将处于快速发展期，到 21 世纪中叶，国民生产总值要增长 10 倍以上，城市和工业需水必将大幅度增长，同样废污水排放量也将增加。若不能采取十分有效的措施解决水问题，人水冲突、社会经济发展与水冲突、生态环境恶化的水冲突，水资源环境局势将会更加严峻。同时，还应看到，在这些冲突矛盾中，人、社会、环境建设总是处于次要的、被动的地位，人、社会、环境离不开水。人类历史经验证明，在处理与水的关系问题上，运用"征服"和"战胜"总是不恰当的，事后的"惩罚"常是根本性的破坏，使多年的建设成就毁于一旦，并使人类陷入更难实现发展的泥潭。水污染、用水浪费、计划经济体制下建立起来的僵化的水管理体制等问题，都与人总把自己放在冲突矛盾的主要地位有关，而难以达到与水、与自然的和谐境界。

（五）实施可持续发展战略是解决水资源危机、保障人类社会实现持续发展的有力途径

当今人类面临人口增长、资源消耗、环境污染、粮食生产和工业发展等全球性问题，罗马俱乐部发表了题为《增长的极限》的报告，认为地球的支撑力将会在 21 世纪某个时段内达到极限，经济增长将发生不可控制的衰退，其避免和解决的最好方法是限制增长，即"零增长"。爱德格尔从哲学的角度出发，认为现代技术是对人的本质的异化，技术将人与自然的多样性联系给抹杀了，技术将自然变成单一的、齐一的、功能化的物质，使得人远离自然，使人自己丧失了人本质的多元性。马尔库赛从社会科学史角度出发，认为现代技术已成为科学的形式，使西方陷入"单向度"社会、人。罗蒂从文化角度出发，认为科学是后神学时期的产物，自然科学取代宗教而成为当代人的文化中心。上述现代西方科技思潮对人在自然系统中的作为的评价，虽有些悲观和偏激，但也不能不引起人类的反思，养育人类的自然为什么成了限制人类发展的根本性因素，人应如何辩证地看待自己的发展，选择自己的发展，应如何积极辩证地处理与自然的关系。

蕾切尔·卡逊（Rechel Karson，1962）在著名的《寂静的春天》一书中向世人呼吁，我们长期以来行驶的道路，容易被误认为是一条可以高速前进的平坦、舒适的超级公路，但实际上，这条道路的终点却潜伏着灾难，而另外的道路则为我们提供了保护地球的最后唯一的机会。对于"另外的道路"，布伦特兰夫人（G.H.Brundland，1987）代表 WCED 向联合国大会提交的《我们共同的未来》中给予了明确回答，即可持续发展道路。

1992 年 6 月 UNCED 大会通过的《地球宪章》（《21 世纪议程》），更是把对环境与发展的关系的认识提高到了一个崭新的阶段，大会认为人类高举可持续发展旗帜，走可持续发展道路，是人类跨向新的文明时代的关键性一步。

对解决全球性资源危机，既要认识到问题的严重性，也应保持谨慎乐观的态度。正如甘哈曼针对罗马俱乐部的悲观观点认为，要认识历史，要预测未来的历史，应采取历史外推的方法，人类的资源在人自己，没有极限的增长、资源无限。1996 年《国际水资源及环境研究大会：面向 21 世纪的挑战》提出了有共识的 4 个基本准则，即可持续发展、生态质量、考虑宏观尺度系统的影响、考虑变化了的自然和社会系统。因而，实施水资源可持续利用战略是解决水资源危机的有效道路，是革除水资源高消耗、环境高污染、人类高消费、发展高障碍的有力途径。正如马克思和恩格斯指出的，每一次划时代的科学发现，都改变了人们认识和改造世界的世界观和方法论。人类与水的关系的认识及处理的科学技术方法，概不例外。

在水资源开发利用中，应该做到水资源开发利用、环境保护和经济增长、社会发展协调一致；水资源及其依存的自然生态系统，对国民经济建设和社会发展的承载能力是维持水资源供需平衡的基础，是制定水资源开发利用战略措施的出发点和着眼点；水资源的开发利用措施和管理办法，必须保障自然生态系统的良性循环和发展；必须运用系统科学的方法研究水资源—经济—社会—环境复合系统，并用动态的、辩证的观点研究这个开放复合系统的变化规律。

回顾近年来我国在解决缺水问题上，经历了"开源为主、提倡节水""开源与节流并重""开源、节流与治污并重"以及在南水北调工程中"务必做到先节水后调水、先治污后通水、先环保后用水"等几次战略性调整，都对解决各时期出现的水资源短缺问题起到了方向性指导作用，并对今后开发利用水资源具有借鉴意义。就当前提出基本稳定农业用水，新增工业用水的一半靠节水来解决，适当增加生活用水的用水管理目标来看，今后用水量会有所增加，但是不会加剧水资源危机，我国除实施水资源可持续利用战略措施外，还加大了对水环境的治理力度，并在全国布局南水北调工程东线、中线、西线三条调水线路与长江、黄河、淮河和海河相互连接的"四横三纵"总体格局，都会极大地提高水资源的开发利用潜力，增强水资源可持续利用调控能力，据柯礼聃分析"预计到下世纪中叶，我国人口达到高峰前后，全国用水总量将出现零增长或负增长"。

二、水资源可持续利用管理战略与措施

针对我国水资源短缺和造成水资源短缺的原因，应从思想上加强对水资源可持续利用重要意义的认识，构建适应新时期水资源管理的路线、方针、政策的管理战略和措施方法，以解决缺水问题，提高水资源利用效率。

（一）建立水权明晰、运作符合市场经济规律的水市场

考虑到水及涉水事务广泛复杂的自然与社会属性，可将水权的内涵与国家其他法规相衔接，尤其是与民法相一致。水权即水资源的所有权，包括占有权、使用权、收益权、处分权四项权能。占有权指对财产实际控制。根据《中华人民共和国水法》（以下简称《水法》）精神，占有权可定义为国家对水资源的实际控制权，农业集体经济组织的水塘和农村集体经济组织修建管理的水库中的水，归各农村集体经济组织使用。使用权指合法对水资源的性能的使用。处分权指合法处置水资源的法律地位的行为。依据我国《水法》《取水许可和水资源费征收管理条例》，水资源的处分权只属于国务院水行政主管部门。所以在社会经济生活中，水资源的权利主体是国家，国家行使占有权和处分权，开发利用水资源的单位或个人只能行使合法的使用权和收益权，并受水行政主管部门的监督管理。

建立水市场的思路主要着眼于建立合理的水分配利益调节机制，以产权改革为突破口，建立合理的水权分配和市场交易经济管理模式，实现水资源有效管理的途径就是政府宏观调控、民主协商和水市场调节。运用市场经济对价格的调节功能，合理确定水价，发挥水价在合理配置资源和促进高效节约利用中的作用，只有建立包括水权市场和商品水市场的水市场，买卖转让水使用权，以及商品水，才能使水在地区间、用户间合理转让流动，并通过各种措施节约的水，在水

市场获得应得的利益，并使各类水得到应有的市场，同样，浪费水应付出代价，才能实现"节水是一场革命"的真正目的和作用。[a]

（二）实施水务纵向一体化管理模式，使社会经济用水行为与水的自然循环规律相协调

借鉴国际上水务管理的先进经验，根据我国的社会水情，建立符合社会主义市场经济规律的水务纵向一体化管理模式，建立城乡水源统筹规划，从供水、用水、排水，到节约用水、污水处理、污水处理再利用，水源保护的全过程管理体制，才能把水资源开发、利用、治理、配置、节约、保护有效地结合起来，实现水资源管理上的空间与时间的统一、质与量的统一、开发与治理的统一、节约与保护的统一，实现水资源环境的可持续利用，实现开发利用水资源与水资源环境的协调发展。实施水务纵向一体化管理模式，在我国的深圳、上海等城市已取得了明显的成效。

但是，应认识到水务纵向一体化的管理模式在水资源的所有权管理上，实行的是一家管水，多家治水，合法经营，合理盈利，保障供给，促进发展。而水资源的占有权、处分权属国家授权的水行政主管部门，在其监督管理下，单位或个人均具有依据合法的使用权，从事经营供水、用水，合理排水和经营水处理、水处理再利用，以及治理和保护水资源环境的权利和义务。杜绝任何单位或个人，借用水务纵向一体化管理优势，对水务市场实行垄断，使社会用水和水环境陷入更不利的局面。这也是水市场只能是"准市场"的原因之一。

（三）开放的水务融资市场是解决缺水和促进水务事业兴旺发展的重要途径

城市缺水中多数属设施型缺水和污染型缺水，这与投资不足、资金缺口大有很大关系。通过水务纵向一体化管理，在政府宏观指导下放开水资源的使用权和收益权，给水权合理定价和建立商品水的价格及其价格形成机制，使供水和水处理、再生水回用、给排水设备设施制造等企业的行为按现代企业管理体制进行，引入其他投资，多种经济成分参与运作管理，尤其是引入竞争机制，对水市场的建立和提高水行业服务、管理水平会起到极大的促进作用。

纽约投资策略专家贝尔·斯蒂尔内斯把水称为"21世纪最好的投资领域"。世界水资源委员会也呼吁，全世界必须积极地以私营化来解决世界水资源危机。据估计，水的全球市场价值高达6000亿美元。所以，在国家投入的同时，可借鉴国外建立属于金融证券形式的"投资基金"，进行直接融资。同时，通过股票

---

a 刘贤娟，梁文彪.水文与水资源利用［M］.郑州：黄河水利出版社，2014.

市场融资也是切实可行的。例如，目前在我国股票市场上以供水、水处理及给排水设备设施为主营业务的股票就有原水股份、南海发展、环保股份、凌桥股份、龙净环保、武汉控股、钱江水利等，2000 年平均业绩约为每股收益 0.215 元，业绩优良，反映出在水务事业中蕴含着极大商机，也为筹集资金提供了更广阔的市场。

1995—1999 年，先后在南昌、沈阳、天津、成都等地，通过引入外资投入城市供水行业，解决了资金缺乏和促进了管理。实施的是相互持股的战略联盟形式。但应注意到其结算方式均为合同约定包销水量，以保证外方收益。这一做法虽然能加快筹资，中外双方比较容易进入合作状态，而在水价不到位、国内供水投资回报率普遍较低（不足 6%）时，将外商投资回报率定得太高（沈阳、南昌为 10% ~ 18%，天津为 15%），不仅会造成不公平竞争，还会造成为保证外方收益而损害中方企业利益的问题，这不符合相互持股结成经营战略联盟的原则。这是在融资中应注意研究的如何获得双赢的问题。

可见，以政府为主，拓宽融资渠道，对建立起可持续的水务运行资金，对城市水务各项事业发展是很重要的，也是可行的。

2002 年，上海成立了注册资本为 90 亿元的上海水务资产经营发展公司，同时，深圳市政府牵头组建了规模达 50 亿元的大型水务集团。2003 年，北京首创也宣布成立注册资本为 40 亿元的大型水务集团。伴随着大型水务集团的建立，民营企业异常活跃地出现在中小城镇水务市场上。

（四）节流优先、治污为本、多方开源是保障水资源可持续利用的重要战略举措

我国水资源利用效率普遍不高是不争的事实，以致出现"节水的潜力到底有多大""城市是缺水，还是缺乏节水的办法"等疑问。在水资源的开发利用过程中，应把节水能力建设和污水处理回用视作比供水能力建设更重要，且应将其放在与水源建设同等重要的地位。这不仅是由于水源有限所决定的，更是生存发展的必然要求，它还能促进提高供用水效益、促进产业结构调整、带动新兴产业的兴起和发展。节水也是开源，农业、工业、生活节水可增加新的用水，并减少水源取水量，污废水处理回用可作为新的供水水源。把节水和治污回用放到比新辟水源优先的位置是十分正确的。

在经济发展中，常出现赚一百万，然后用一个亿去治理污染的案例。为了地方、部门，乃至个人利益而损害国家和子孙的事是应坚决惩治的，否则，社会就会陷入一片污水之中，还谈何持续发展。用水应走低消耗、高产出，环境良性循环才是社会经济生存发展之路。

（五）做到城乡用水互惠互利，实现共同发展

由于城区水源缺乏，农业供水水源转供城市是近 10 年来的发展趋势，当前城市新增的水源主要靠它。但决不能因此伤农，削弱农业的基础产业地位。而农业用水浪费大，其节水潜力大是优势，农业产出效益低、基础薄弱又是事实。农业水源转供城市只能建立在农业节水的前提下，转移供水，首先水权应受益，其次转供城市的水要靠农业节水，节水就需要投入，资金从何来，因而将农业用水转供城市后，应算清经济账，做到互惠互利，才可使水资源统一管理的政策，城乡水务一体化管理策略具有可操作性，才符合国家的水利发展产业政策，符合水利部、国家计划委员会《占用农业灌溉水源、灌排工程设施补偿办法》（1995 年 11 月 13 日水利部、财政部、国家计划委员会水政资〔 1995 〕 457 号通知发布）的规定。

（六）运用综合措施，保障水资源可持续利用

在可持续利用的战略与措施的运作机制上，法律法规是根本，组织是保障，科技是手段，经济是核心，宣传教育是基础。五者相互联系，综合作用才能促进水资源可持续发展利用。目前要转变人们的用水思路和行为模式，应将五者有力地结合起来，理顺水管理体制，实行一家管水、多家治水、合法经营、合理营利、保障供给、促进发展。并充分发挥水价在调节水资源供求关系中的杠杆作用，建立全成本水价核算体系和调整机制，使利用水的内部成本和外部成本在水价中得到合理反映，并通过包括水价在内的各项管理水及其环境的经济措施，促使水资源可持续利用指导思想、管理战略和措施的实现。

水资源危机是人类进入 21 世纪面对的严峻全球性问题之一，我国作为全球最缺水国家之一，缺水对社会经济发展带来的压力是巨大的，解决问题的出路在于摆正人与水、社会经济与水、发展与水的辩证关系，全面实施可持续开发利用战略。借用海涅的一句话（《从慕尼黑到热那亚旅行记》，1928）"每一时代都有它的重大课题，解决了它就把人类社会向前推进一步。"我们这个时代出现的制约社会经济发展的水资源危机，在实施可持续发展战略方针指导下，依靠人的积极性和创造性，定能得到解决，并能保障人类社会实现可持续发展。

第二章　水资源开发与节水技术利用

第一节　地表与地下水资源取水工程

取水工程是由人工取水设施或构筑物从各类水体取得水源，通过输水泵站和管路系统供给各种用水。取水工程是给水系统的重要组成部分，其任务是按一定的可靠度要求从水源取水并将水送至给水处理厂或者用户。由于水源类型、数量及分布情况对给水工程系统组成、布置、建设、运行管理、经济效益及可靠性有着较大的影响，因此取水工程在给水工程中占有相当重要的地位。

一、水资源供水特征与水源选择

（一）地表水源的供水特征

地表水资源在供水中占据十分重要的地位。地表水作为供水水源，其特点主要表现为：①水量大，总溶解固体含量较低，硬度一般较小，适合于作为大型企业大量用水的供水水源；②时空分布不均，受季节影响大；③保护能力差，容易受污染；④泥沙和悬浮物含量较高，常需净化处理后才能使用；⑤取水条件及取水构筑物一般比较复杂。

（二）水源地选择原则

（1）水源选择前，必须进行水源的勘察。为了保证取水工程建成后有充足的水量，必须先对水源进行详细勘察和可靠性综合评价。对于河流水资源，应确定可利用的水资源量，避免与工农业用水及环境用水发生矛盾；兴建水库作为水源时，应对水库的汇水面积进行勘察，确定水库的蓄水量。

（2）水源的选用应通过技术经济比较后综合考虑确定。水源选择必须在对各种水源进行全面分析研究，掌握其基本特征的基础上，综合考虑各方面因素，并经过技术经济比较后确定。确保水源水量可靠和水质符合要求是水源选择的首要条件。水量除满足当前的生产、生活需要外，还应考虑到未来发展对水量的需求。作为生活饮用水的水源应符合《生活饮用水卫生标准》中关于水源的若干规定；国民经济各部门的其他用水，应满足其工艺要求。

随着国民经济的发展，用水量逐年上升，不少地区和城市，特别是水资源缺乏的北方干旱地区，生活用水与工业用水、工业用水与农业用水、工农业用水与生态环境用水的矛盾日益突出。因此，确定水源时，要统一规划，合理分配，综合利用。此外，选择水源时，还需考虑基建投资、运行费用以及施工条件和施工方法，例如施工期间是否影响航行，陆上交通是否方便等。

（3）用地表水作为城市供水水源时，其设计枯水流量的保证率，应根据城市规模和工业大用水户的重要性选定，一般可采用90% ~ 97%。

用地表水作为工业企业供水水源时，其设计枯水流量的保证率，应视工业企业性质及用水特点，按各有关部门的规定执行。

（4）地下水与地表水联合使用。如果一个地区和城市具有地表和地下两种水源，可以对不同的用户，根据其需水要求，分别采用地下水和地表水作为各自的水源；也可以对各种用户的水源采用两种水源交替使用，在河流枯水期地表水取水困难和洪水期河水泥沙含量高难以使用时，改用抽取地下水作为供水水源。国内外的实践证明，这种地下水和地表水联合使用的供水方式不仅可以同时发挥各种水源的供水能力，而且能够降低整个给水系统的投资，提高供水体统的安全可靠性。

（5）确定水源、取水地点和取水量等，应取得水资源管理机构以及卫生防疫等有关部门的书面同意。对于水源卫生防护应积极取得环保等有关部门的支持配合。

二、地表水取水工程

地表水取水工程的任务是从地表水水源中取出合格的水送至水厂。地表水水源一般是指江河、湖泊等天然的水体，运河、渠道、水库等人工建造的淡水水体，水量充沛，多用于城市供水。

地表水污水工程直接与地表水水源相联系，地表水水源的种类、水量、水质在各种自然或人为条件下所发生的变化，对地表水取水工程的正常运行及安全性产生影响。为使取水构筑物能够从地表水中按需要的水质、水量安全可靠地取水，了解影响地表水取水的主要因素是十分必要的。

（一）影响地表水取水的主要因素

地表水取水构筑物与河流相互作用、相互影响。一方面，河流的径流变化、泥沙运动、河床演变、冰冻情况、水质、河床地质与地形等影响因素影响着取水构筑物的正常工作及安全取水；另一方面，取水构筑物的修建引起河流自然状况的变化，对河流的生态环境、净流量等产生影响。因此，全面综合地考虑地表水取水的影响因素。对取水构筑物位置选择、形式确定、施工和运行管理，都具有重要意义。

地表水水源影响地表水取水构筑物运行的主要因素有：水中漂浮物的情况、径流变化、河流演变及泥沙运动等。

（1）河流中漂浮物。河流中的漂浮物包括：水草、树枝、树叶、废弃物、泥沙、冰块甚至山区河流中所排放的木排等。泥沙、水草等杂物会使取水头部淤积堵塞，阻断水流；水中冰絮、冰凌在取水口处冻结会堵塞取水口；冰块、木排等会撞损取水构筑物，甚至造成停水。河流中的漂浮杂质，一般汛期较平时更多。这些杂质不仅分布在水面，而且同样存在于深水层中。河流中的含沙量一般随季节的变化而变化，绝大部分河流汛期的含沙量高于平时的含沙量。含沙量在河流断面上的分布是不均匀的：一般情况下。沿水深分布，靠近河底的含沙量最大；沿河宽分布，靠近主流的含沙量最大。含沙量与河流流速的分布规律有着密切的关系。河心流速大，相应含沙量就大；两侧流速小，含沙量相应小些。处于洪水流量时，相应的最高水位可能高于取水构筑物，使其淹没而无法运行；处于枯水流量时，相应的最低水位可能导致取水构筑物无法取水。因此，河流历年来的径流资料及其统计分析数据是设计取水构筑物的重要依据。

（2）取水河段的水位、流量、流速等径流特征。由于影响河流径流的因素很多，如气候、地质、地形及流域面积、形状等，上述径流特征具有随机性。因此，应根据河道径流的长期观测资料，计算河流在一定保证率下的各种径流特征值，为取水构筑物的设计提供依据。取水河段的径流特征值包括：①河流历年的最小流量和最低水位；②河流历年的最大流量和最高水位；③河流历年的月平均流量、月平均水位以及年平均流量和年平均水位；④河流历年春秋两季流冰期的最大、最小流量和最高、最低水位；⑤其他情况下，如潮汐、形成冰坝冰塞时的最高水位及相应流量；⑥上述相应情况下河流的最大、最小和平均水流速度及其在河流中的分布情况。

（3）河流的泥沙运动与河床演变。河流泥沙运动引起河床演变的主要原因是水流对河床的冲刷及挟沙的沉积。长期的冲刷和淤积，轻者使河床变形，严重者将使河流改道。如果河流取水构筑物位置选择不当，泥沙的淤积会使取水构筑物取水能力下降，严重的会使整个取水构筑物完全报废。因此，泥沙运动和河床演变是影响地表水取水的重要因素。

①泥沙运动。河流泥沙是指所有在河流中运动及静止的粗细泥沙、大小石砾以及组成河床的泥沙。随水流运动的泥沙也称为固体径流，它是重要的水文现象之一。根据泥沙在水中的运动状态，可将泥沙分为床沙、推移质及悬移质三类。决定泥沙运动状态的因素除泥沙粒径外，还有水流速度。

对于推移质运动，与取水最为密切的问题是泥沙的启动。在一定的水流作用下，静止的泥沙开始由静止状态转变为运动状态，叫做"启动"，这时的水流速度称为启动流速。泥沙的启动意味着河床冲刷的开始，即启动流速是河床不受冲刷的最大流速，因此在河渠设计中应使设计流速小于启动流速值。

对于悬移质运动，与取水最为密切的问题是含沙量沿水深的分布和水流的挟沙能力。由于河流中各处水流脉动强度不同，河中含沙量的分布亦不均匀。为了取得含沙量较少的水，需要了解河流中含沙量的分布情况。

②河床演变。河流的径流情况和水力条件随时间和空间不断地变化，因此河流的挟沙能力也在不断变化，在各个时期和河流的不同地点产生冲刷和淤积，从而引起河床形状的变化，即引起河床演变。这种河床外形的变化往往对取水构筑物的正常运行有着重要的影响。

河床演变是水流和河床共同作用的结果。河流中水流的运动包括纵向水流运动和环流运动。二者交织在一起，沿着流程变化，并不断与河床接触、作用；与此同时，也伴随着泥沙的运动，使河床发生冲刷和淤积，不仅影响河流含沙量，而且使河床形态发生变化。河床演变一般表现为纵向变形、横向变形、单向变形和往复变形。这些变化总是错综复杂地交织在一起，发生纵向变形的同时往往发生横向变形，发生单向变形的同时，往往发生往复变形。

为了取得较好的水质，防止泥沙对取水构筑物及管道形成危害，并避免河道变迁造成取水脱流，必须了解河段泥沙运动状态和分布规律，观测和推断河床演变的规律和可能出现的不利因素。

（4）河床和岸坡的稳定性。从江河中取水的构筑物有的建在岸边，有的延伸到河床中。因此，河床与岸坡的稳定性对取水构筑物的位置选择有重要的影响。此外，河床和岸坡的稳定性也是影响河床演变的重要因素。河床的地质条件不同，其抵御水流冲刷的能力不同，因而受水流侵蚀影响所发生的变形程度也不同。对于不稳定的河段，一方面河流水力冲刷会引起河岸崩塌，导致取水构筑物倾覆和沿岸滑坡，尤其河床土质疏松的地区常常会发生大面积的河岸崩塌；另一方面，还可能出现河道淤塞、堵塞取水口等现象。因此，取水构筑物的位置应选在河岸稳定、岩石露头、未风化的基岩上或地质条件较好的河床处。当地区条件达不到一定的要求时，要采取可靠的工程措施。在地震区，还要按照防震要求进行设计。

（5）河流冰冻过程。北方地区冬季，当温度降至零摄氏度以下时，河水开始结冰。若河流流速较小（如小于 0.4 ~ 0.5 m/s），河面很快形成冰盖；若流速较大（如大于 0.4 ~ 0.5 m/s），河面不能很快形成冰盖。由于水流的紊动作用，整个河水受到过度冷却，水中出现细小的冰晶，冰晶在热交换条件良好的情况下极易结成海绵状的冰屑、冰絮，即水内冰。冰晶也极易附着在河底的沙粒或其他固体物上聚集成块，形成底冰。水内冰及底冰越接近水面越多。这些随水漂流的冰屑、冰絮及漂浮起来的底冰，以及由它们聚集成的冰块统称为流冰。流冰易在水流缓慢的河湾和浅滩处堆积，随着河面冰块数量增多，冰块不断聚集和冻结，最后形成冰盖，使河流冻结。有的河段流速特别大，不能形成冰盖，即产生冰穴。在这种河段下游水内冰较多，有时水内冰会在冰盖下形成冰塞，上游流冰在解冻较迟的河段聚集，春季河流解冻时，通常因春汛引起的河水上涨时冰盖破裂，形成春季流冰。

冬季流冰期，悬浮在水中的冰晶及初冰，极易附着在取水口的格栅上，增加水头损失，甚至堵塞取水口，故需考虑防冰措施。河流在封冻期能形成较厚的冰盖层，由于温度的变化，冰盖膨胀所产生的巨大压力，易使取水构筑物遭到破坏。冰盖的厚度在河段中的分布并不均匀，此外冰盖会随河水下降而塌陷，设计取水构筑物时，应视具体情况确定取水口的位置。春季流冰期冰块的冲击、挤压作用往往较强，对取水构筑物的影响很大；有时冰块堆积在取水口附近，可能堵塞取水口。

为了研究冰冻过程对河流正常情况的影响，正确地确定水工程设施情况，需了解下列冰情资料：①每年冬季流冰期出现和延续的时间，水内冰和底冰的组成、大小、黏结性、上浮速度及其在河流中的分布，流冰期气温及河水温度变化情况；②每年河流的封冻时间、封冻情况、冰层厚度及其在河段上的分布情况；③每年春季流冰期出现和延续的时间，流冰在河流中的分布运动情况，最大冰块面积、厚度及运动情况；④其他特殊冰情。

（6）人类活动。废弃的垃圾抛入河流可能导致取水构筑物进水口的堵塞；漂浮的木排可能撞坏取水构筑物；从江河中大量取水用于工农业生产和生活、修建水库调蓄水量、围堤造田、水土保持、设置护岸、疏导河流等人为因素，都将影响河流的径流变化规律与河床变迁的趋势。

河道中修建的各种水工构筑物和存在的天然障碍物，会引起河流水力条件的变化，可能引起河床沉积、冲刷、变形，并影响水质。因此，在选择取水口位置时，应避开水工构筑物和天然障碍物的影响范围，否则应采取必要的措施。所以在选择取水构筑物位置时，必须对已有的水工构筑物和天然障碍物进行研究，通过实地调查估计河床形态的发展趋势，分析拟建构筑物将对河道水流及河床产生的影响。

（7）取水构筑物位置选择。应有足够的施工场地、便利的运输条件；尽可能减少土石方量；尽可能少设或不设人工设施，用以保证取水条件；尽可能减少水下施工作业量等。

（二）地表水取水类别

由于地表水源的种类、性质和取水条件的差异，地表水取水构筑物有多种类型和分法。按地表水的种类可分为江河取水构筑物、湖泊取水构筑物、水库取水构筑物、山溪取水构筑物、海水取水构筑物。按取水构筑物的构造可分为固定式取水构筑物和移动式取水构筑物。固定式取水构筑物适用于各种取水量和各种地表水源，移动式取水构筑物适用于中小取水量，多用于江河、水库和湖泊取水。

（1）河流取水。河流取水工程若按取水构筑物的构造形式划分，则有固定式取水构筑物、活动式取水构筑物两类。固定式取水构筑物又分为岸边式、河床式、斗槽式三种，活动式取水构筑物又分为浮船式、缆车式两种；在山区河流上，则有带低坝的取水构筑物和底栏栅取水构筑物。每种类型又有多个形式，这里不再赘述。

（2）水库取水。根据水库的位置与形态，其类型一般可分为：①山谷水库。用拦河坝横断河谷，拦截天然河道径流，抬高水位而成。绝大部分水库属于这一类型。②平原水库。在平原地区的河道、湖泊、洼地的湖口处修建闸、坝，抬高水位形成，必要时还应在库周围筑围堤，如当地水源不足还可以从邻近的河流引水入库。③地下水库。在干旱地区的透水地层，建筑地下截水墙，截蓄地下水或潜流而形成地下水库。

水库的总容积称为库容，然而不是所有的库容都可以进行径流量调节。水库的库容可以分为死库容、有效库容（调蓄库容、兴利库容）、防洪库容。

水库主要的特征水位有：①正常蓄水位，指水库在正常运用情况下，允许为兴利蓄水的上限水位。它是水库最重要的特征水位，决定着水库的规模与效益，也在很大程度上决定着水工建筑物的尺寸。②死水位，指水库在正常运用情况下，允许消落到的最低水位。③防洪限制水位，指水库在汛期允许兴利蓄水的上限水位，通常多根据流域洪水特性及防洪要求分期拟定。④防洪高水位，指下游防护区遭遇设计洪水时，水库（坝前）达到的最高洪水位。⑤设计洪水位，指大坝遭遇设计洪水时，水库（坝前）达到的最高洪水位。⑥校核洪水位，指大坝遭遇校核洪水时，水库（坝前）达到的最高洪水位。

水库工程一般由水坝、取水构筑物、泄水构筑物等组成。水坝是挡水构筑物用于拦截水流、调蓄洪水、抬高水位形成蓄水库；泄水构筑物用于下泄水库多余水量，以保证水坝安全，主要有河岸溢洪道、泄水孔、溢流坝等形式；取水构筑物是从水库取水，水库常用取水构筑物有隧洞式取水构筑物、明渠取水、分层取水构筑物、自流管式取水构筑物。

由于水库的水质随水深及季节等因素而变化，因此大多采用分层取水方式，以取得最优水质的水。水库取水构筑物可与坝、泄水口合建或分建。与坝、泄水口合建的取水构筑物一般采用取水塔取水，塔身上一般设置 3～4 层喇叭管进水口，每层进水口高差约 4～8 m，以便分层取水。单独设立的水库取水构筑物与江河取水构筑物类似，可采用岸边式、河床式、浮船式，也可采用取水塔。

（3）海水取水。我国海岸线漫长，沿海地区的工业生产在国民经济中占很大比重，随着沿海地区的开放、工农业生产的发展及用水量的增长，淡水资源已经远不能满足要求，利用海水的意义也日渐加大。因此，了解海水取水的特点、取水方式和存在的问题是十分必要的。

①海水取水的条件。由于海水的特殊性，海水取水设备会受到腐蚀、海生物堵塞以及海潮侵袭等问题，因此在海水取水时要加以注意。主要包括：A. 海水对金属材料的腐蚀及防护。海水中溶解有 NaCl 等多种盐分，会对金属材料造成严重腐蚀。海水的含盐量、海水流过金属材料的表面相对速度以及金属设备的使用环境都会对金属的腐蚀速度造成影响。预防腐蚀主要采用提高金属材料的耐腐蚀能力、降低海水通过金属设备时的相对速度以及将海水与金属材料以耐腐蚀材料相隔离等方法。具体措施有：a. 选择海水淡化设备材料时要在进行经济比较的基础上尽量选择耐腐蚀的金属材料，比如不锈钢、合金钢、铜合金等。b. 尽量降低海水与金属材料之间的过流速度，比如使用低转速的水泵。c. 在金属表面刷防腐保护层，比如钢管内外表面涂红丹两道、船底漆一道。d. 采用外加电源的阴极保护法或牺牲阳极的阴极保护法等电化学防腐保护。e. 在水中投加化学药剂消除原水对金属材料的腐蚀性或在金属管道内形成保护性薄膜等方法进行防腐。B. 海

生物的影响及防护。海洋生物，如紫贻贝、牡蛎、海藻等会进入吸水管或随水泵进入水处理系统，减少过水断面、堵塞管道、增加水处理单元处理负荷。为了减轻或避免海生物对管道等设施的危害，需要采用过滤法将海生物截留在水处理设施之外，或者采用化学法将海生物杀灭，抑制其繁殖。目前，我国用以防治和清除海洋生物的方法有：加氯、加碱、加热、机械刮除、密封窒息、含毒涂料、电极保护等。其中，以加氯法采用的最多，效果较好。一般将水中余氯控制在 0.5 mg/L 左右，可以抑制海洋生物的繁殖。为了提高取水的安全性，一般至少设两条取水管道，并且在海水淡化厂运行期间，要定期对格栅、滤网、大口径管道进行清洗。C. 潮汐等海水运动的影响。潮汐等海水运动对取水构筑物有重要影响，如构筑物的挡水部位及所开孔洞的位置设计、构筑物的强度稳定计算、构筑物的施工等。因此在取水工程的建设时要加以充分注意。比如，将取水构筑物尽量建在海湾内风浪较小的地方，合理选择利用天然地形，防止海潮的袭击；将取水构筑物建在坚硬的原土层和基岩上，增加构筑物的稳定性等。D. 泥沙淤积。海滨地区，特别是淤泥滩涂地带，在潮汐及异重流的作用下常会形成泥沙淤积。因此，取水口应该避免设置于此地带，最好设置在岩石海岸、海湾或防波堤内。E. 地形、地质条件。取水构筑物的形式，在很大程度上同地形和地质条件有关。而地形和地质条件又与海岸线的位置和所在的港湾条件有关。基岩海岸线与沙质海岸线、淤泥沉积海岸线的情况截然不同。前者条件比较有利，地质条件好，岸坡稳定，水质较清澈。

此外，海水取水还要考虑到赤潮、风暴潮、海冰、暴雪、冰雹、冻土等自然灾害对取水设施可能引起的影响，在选择取水点和进行取水构筑物设计、建设时要予以充分的注意。

②海水取水方式。海水取水方式有多种，大致可分为海滩井取水、深海取水、浅海取水三大类。通常，海滩井取水水质最好，深海取水其次，而浅海取水则有着建设投资少、适用性广的特点。

第一类，海滩井取水。海滩井取水是在海岸线边上建设取水井，从井里取出经海床渗滤过的海水，作为海水淡化厂的源水。通过这种方式取得的源水由于经过了天然海滩的过滤，海水中的颗粒物被海滩截留，浊度低，水质好。能否采用这种取水方式的关键是海岸构造的渗水性、海岸沉积物厚度以及海水对岸边海底的冲刷作用。适合的地质构造为有渗水性的砂质构造，一般认为渗水率至少要达到 1000 m/（d·m），沉积物厚度至少达到 15 m。当海水经过海岸过滤，颗粒物被截留在海底，波浪、海流、潮汐等海水运动的冲刷作用能将截留的颗粒物冲回大海，保持海岸良好的渗水性；如果被截留的颗粒物不能被及时冲回大海，则会降低海滩的渗水能力，导致海滩井供水能力下降。此外，还要考虑到海滩井取水系统是否会污染地下水或被地下水污染，海水对海岸的腐蚀作用是否会对取水构筑物的寿命造成影响，取水井的建设对海岸的自然生态环境的影响等因素。海滩井取水的不足之处主要在于建设占地面积较大、所取原水中可能含有铁锰以及溶解氧较低等问题。

第二类，深海取水。深海取水是通过修建管道，将外海的深层海水引导到岸边，进行取水。一般情况下，在海面以下 1 ~ 6 m 取水会含有沙、小鱼、水草、海藻、水母及其他微生物，水质较差，而当取水位≥海面下 35 m 时，这些物质的含量会减少 20 倍，水温更低，水质较好。

这种取水方式适合海床比较陡峭，最好在离海岸 50 m 内，海水深度能够达到 35 m 的地区。如果在离海岸 500 m 外才能达到 35 m 深海水的地区，采用这种取水方式投资巨大，除非是由于特殊要求，需要取到浅海取不到的低温优质海水，否则不宜采用这种取水方式。由于投资较大等因素，这种取水方式一般不适用于较大规模取水工程。

第三类，浅海取水。浅海取水是最常见的取水方式，虽然水质较差，但由于投资少、适应范围广、应用经验丰富等优势仍被广泛采用。一般常见的浅海取水形式有：海岸式、海岛式、海床式、引水渠式、潮汐式等。A．海岸式取水。海岸式取水多用于海岸陡、海水含泥沙量少、淤积不严重、高低潮位差值不大、低潮位时近岸水深度 >1.0 m，且取水量较少的情况。这种取水方式的取水系统简单，工程投资较低，水泵直接从海边取水，运行管理集中。缺点是易受海潮特殊变化的侵袭，受海生物危害较严重，泵房会受到海浪的冲击。为了克服取水安全可靠性差的缺点，一般一台水泵单独设置一条吸水管，至少设计两套引水管线，并在引水管上设置闸阀。为了避免海浪的冲击，可将泵房设在距海岸 10 ~ 20 m 的位置。B. 海岛式取水。海岛式取水适用于海滩平缓，低潮位离海岸很远处的海边取水工程建设。要求建设海岛取水构筑物处周围低潮位时水深≥ 1.5 ~ 2.0 m，海底为石质或沙质且有天然或港湾的人工防波堤保护，受潮水袭击可能性小。可修建长堤或栈桥将取水构筑物与海岸联系起来。这种取水方式的供水系统比较简单，管理比较方便，而且取水量大，在海滩地形不利的情况下可保证供水。缺点是施工有一定难度，取水构筑物如果受到潮汐突变威胁，供水安全性较差。C. 海床式取水。海床式取水适用于取水量较大、海岸较为平坦、深水区离海岸较远或者潮差大、低潮位离海岸远以及海湾条件恶劣（如风大、浪高、流急）的地区。

这种取水方式将取水主体部分（自流干管或隧道）埋入海底，将泵房与集水井建于海岸，可使泵房免受海浪的冲击，取水比较安全，且经常能够取到水质变化幅度小的低温海水。缺点是自流管（隧道）容易积聚海生物或泥沙，清除比较困难；施工技术要求较高，造价高昂。D. 引水渠式取水。引水渠式取水适用于海岸陡峻，引水口处海水较深，高低潮位差值较小，淤积不严重的石质海岸或港口、码头地区。这种取水方式一般自深水区开挖引水渠至泵房取水，在进水端设防浪堤，引水渠两侧筑堤坝。其特点是取水量不受限制，引水渠有一定的沉淀澄清作用，引水渠内设置的格栅、滤网等能截留较大的海生物。缺点是工程量大、易受海潮变化的影响。设计时，引水渠入口必须低于工程所要求的保证率潮位至少0.5 m，设计取水量需按照一定的引水渠淤积速度和清理周期选择恰当的安全系数。引水渠的清淤方式可以采用机械清淤或引水渠泄流清淤，或者同时采用两种清淤方式，设计泄流清淤时需要引水渠底坡向取水口。E. 潮汐式取水。潮汐式取水适用于海岸较平坦、深水区较远、岸边建有调节水库的地区。在潮汐调节水库上安装自动逆止闸板门，高潮时闸板门开启，海水流入水库蓄水，低潮时闸板门关闭，取用水库水。这种取水方式利用了潮涨潮落的规律，供水安全可靠，泵房可远离海岸，不受海潮威胁，蓄水池本身有一定的净化作用，取水水质较好，尤其适用于潮位涨落差很大，具备可利用天然的洼地、海滩修建水库的地区。这种取水方式的主要不足是退潮停止进水的时间较长，水库蓄水量大，占地多，投资高。另外，海生物的滋生会导致逆止闸门关闭不严的问题，设计时需考虑用机械设备清除闸板门处滋生的海生物。在条件合适的情况下，也可以采用引水渠和潮汐调节水库综合取水方式。高潮时调节水库的自动逆止闸板门开启蓄水，调节水库由引水渠通往取水泵房的闸门关闭，海水直接由引水渠通往取水泵房；低潮时关闭引水渠进水闸门，开启调节水库与引水渠相通的闸门，由蓄水池供水。这种取水方式同时具备引水渠和潮汐调节水库两种取水方式的优点，避免了两者的缺点。

三、地下水取水工程

地下水取水是给水工程的重要组成部分之一。它的任务是从地下水水源中取出合格的地下水，并送至水厂或用户。地下水取水工程研究的主要内容为地下水水源和地下水取水构筑物。地下水取水构筑物位置的选择主要取决于水文地质条件和用水要求，应选择在水质良好，不易受污染的富水地段；应尽可能靠近主要用水区；应有良好的卫生防护条件，为避免污染，城市生活饮用水的取水点应设在地下水的上游；应考虑施工、运行、维护管理的方便，不占或少占农田；应注意地下水的综合开发利用，并与城市总体规划相适应。

　　由于地下水类型、埋藏条件、含水层的性质等各不相同，开采和集取地下水的方法以及地下水取水构筑物的形式也各不相同。地下水取水构筑物按取水形式主要分为两类：垂直取水构筑物——井；水平取水构筑物——渠。井可用于开采浅层地下水，也可用于开采深层地下水，但主要用于开采较深层的地下水；渠主要依靠其较大的长度来集取浅层地下水。在我国利用井集取地下水更为广泛。

　　井的主要形式有管井、大口井、辐射井、复合井等，其中以管井和大口井最为常见，渠的主要形式为渗渠。各种取水构筑物适用的条件各异。正确设计取水构筑物，能最大限度地截取补给量、提高出水量、改善水质、降低工程造价。管井主要用于开采深层地下水，适用于含水层厚度大于 4 m，底板埋藏深度大于8 m 的地层，管井深度一般在 200 m 以内，但最大深度也可达 1000 m 以上。大口井广泛应用于集取浅层地下水，适用于含水层厚度在 5 m 左右，地板埋藏深度小于15 m 的地层。渗渠适用于含水层厚度小于 5 m，渠底埋藏深度小于 6 m 的地层，主要集取地下水埋深小于 2 m 的浅层地下水，也可集取河床地下水或地表渗透水，渗渠在我国东北和西北地区应用较多。辐射井由集水井和若干水平铺设的辐射形集水管组成，一般用于集取含水层厚度较薄而不能采用大口井的地下水。含水层厚度薄、埋深大、不能用渗渠开采的，也可采用辐射井集取地下水，故辐射井适应性较强，但施工较困难。复合井是大口井与管井的组合，上部为大口井，下部为管井，复合井适用于地下水位较高、厚度较大的含水层，常常用于同时集取上部空隙潜水和下部厚层基岩高水位的承压水。在已建大口井中再打入管井称为复合井，以增加井的出水量和改善水质，复合井在一些需水量不大的小城镇和不连续供水的铁路给水站中应用较多。

　　我国地域辽阔，水资源状况和施工条件各异，取水构筑物的选择必须因地制宜，根据水文地质条件，通过经济技术比较确定取水构筑物的形式。

第二节　城市用水节水技术与措施

　　随着经济发展和城市人口的迅速增长，世界城市化进程不断加快，城市需水量占总用水量的比例越来越大。近 20 年以来，我国城市工业与生活用水比重已经上升到 35% 以上。由于我国水资源分布极不均衡，致使很多水资源丰富地区城市居民节水观念淡薄，存在很严重的用水浪费现象。此外，由于给水管网漏失严重、节水器具未得到普遍推广及水价制定不合理等原因，城市用水浪费现象仍比较严重。

城市节水是指通过对用水和节水的科学预测及规划，调整用水结构、强化用水管理，合理开发、配置、利用水资源，有效地解决城市用水量的不断增长与水资源短缺的供需矛盾，实现城市水的健康社会循环。

一、城市节水技术

（一）城市管网减少漏损量的技术

我国城市普遍管网漏损率较大，降低城市管网的漏损量对节水工作具有重要意义。减少城市管网的漏损量应该从以下两个方面开展工作。

1. 给水管材选择

作为供水管道，应满足卫生、安全、节能、方便的要求。目前使用的给水管材主要有四大类。第一类是金属管，如钢管、球墨铸铁管、不锈钢管等。第二类是混凝土管材，如预应力钢筋混凝土管材。第三类是塑料管，如高密度聚乙烯管（HDPE）、聚丙烯管（PP）、交联聚丙烯高密度网状工程塑料（PP-R）、玻璃钢管（GPR）。第四类是金属—塑料复合管材，如塑复钢管，铝塑复合管、PE衬里钢管等。据统计，金属管材中，球墨铸铁管事故率最少，其机械性能高，强度、抗腐蚀性能远高于钢管，承压大，抗压、抗冲击性能好，对较复杂的土质状况适应性较好，它的重量较轻，很少发生爆管、渗水和漏水现象，可以减少管网漏损率，是理想的管材。球墨铸铁管采用推入式楔形胶圈柔性接口，施工安装方便，接口的水密性好，有适应地基变形的能力，只要管道两端沉降差在允许范围内，接口不至于发生渗漏。非金属管材中，预应力钢筋混凝土管事故率较低。给水塑料管，如应用较广HDPE管材，PP-R管具有优良的耐热性及较高的强度，而且制作成本较低，采用热熔连接，施工工艺简单，施工质量容易得到保证，抗震和水密性较好，不易漏水，目前市场上应用广泛。

2. 加强漏损管理

加强漏损管理，即应进行管网漏损检测和管道漏损控制。目前管道检漏主要有音听检漏法、区域装表法及区域检漏法。

管道漏损的控制一般采用被动检修及压力调整法。

被动检修是发现管道明漏后，再去检修控制漏损的方法。根据管材及接口的不同选择相应的堵塞方法。若漏水处是管道接口，可采用停水检修或不停水检修两种方法。停水检修时，若胶圈损坏，可直接将接口的胶圈更换；灰口接口松动时，将原灰口材料抠出，重新做灰口；非灰口时可灌铅。不能停水检修时，一般采用钢套筒修漏。当管段出现裂缝而漏水时，可采用水泥砂浆充填法和 PBM 聚合物混凝土等方法堵漏。

管道的漏损量与漏洞大小和水压高低有密切关系，通过降低管内过高的压力以降低漏损量。压力调节法要根据具体水压情况使用。如果整个区域或大多数节点压力偏高，则应考虑降低出厂水压，仅在少数压力不够的用水节点采取局部增压设施以满足用户水压要求；如靠近水厂地区或地势较低地区的压力经常偏高，可设置压力调节装置；实行分时分压供水，在白天的某些用水高峰时段维持较高压力，而在夜间的某些用水低谷时段维持较低的压力；在地形平坦而供水距离较长时，宜用串联分区加装增压泵站的方式供水，在山区或丘陵地带地面高差较大的地区，按地区高低分区，可串联供水或并联供水。

（二）建筑节水技术

建筑给水系统是将城镇给水管网或自备水源给水管网的水引入室内，将室内给水管输送至生活、生产和消防的用水设备，并能满足各用水点对水量、水质及水压的要求。

建筑节水工作涉及建筑给水排水系统的各个环节，应从建筑给水系统限制超压出流、热水系统的无效冷水量及建筑给水系统二次污染造成的水量浪费三个方面着手，实施建筑中水回用；同时还应合理配置节水器具和水表等硬件设施。只有这样才能获得良好的节水效果。

1. 卫生系统真空排水节水技术

为了保证卫生洁具及下水道的冲洗效果，可将真空技术运用于排水工程，用空气代替大部分水，依靠真空负压产生的高速气水混合物，快速将洁具内的污水、污物冲吸干净，达到节约用水、排走污浊空气的效果。一套完整的真空排水系统包括：带真空阀和特制吸水装置的洁具、密封管道、真空收集容器、真空泵、控制设备及管道等。真空泵在排水管道内产生 40～50 kPa 的负压，将污水抽吸到收集容器内，再由污水泵将收集的污水排到市政下水道。在各类建筑中采用真空技术，平均节水超过 40%。若在办公楼中使用，节水率可超过 70%。

2. 建筑给水超压出流的防治

当给水配件前的静水压力大于流出水头，其流量就大于额定流量。超出额定流量的那部分流量未产生正常的使用效益，是浪费的水量。由于这种水量浪费不易被人们察觉和认识，因此可称之为隐形水量浪费。

为减少超压出流造成的隐形水量浪费，应从给水系统的设计、安装减压装置及合理配置给水配件等多方面采取技术措施。首先是采取减压措施，控制超压出流。在设计住宅建筑给水系统时，应限制入户管的压力，超压时需采用减压措施。对已有建筑，也可在水压超标处增设减压装置。减压装置主要有减压阀、减压孔板及节流塞等。

3. 建筑热水供应节水措施

随着人民生活水平的提高和建筑功能的完善，建筑热水供应已逐渐成为建筑供水不可缺少的组成部分。据统计，在住宅和宾馆用水量中，淋浴用水量分别占30%和75%左右。而各种热水供应系统，大多存在着严重的水量浪费现象，例如一些太阳能热水器等装置开启热水后，往往要放掉不少冷水后才能正常使用。这部分流失的冷水，未产生使用效益，可称为无效冷水，也就是浪费的水量。

我国现行的《建筑给水排水设计规范》（GB 50015—2003）（2009年版）中提出了应保证干管和立管中的热水循环，要求随时取得不低于规定温度的热水的建筑物，应保证支管中的热水循环，或有保证支管中热水温度的措施。所以新建建筑热水系统应根据规范要求和建筑物的具体情况选用支管循环或立管循环方式；对于现有定时供应热水的无循环系统进行改造，增设热水回水管；选择性能良好的单管热水供应系统的水温控制设备，双管系统应采用带恒温装置的冷热水混合龙头。

4. 建筑给水系统二次污染的控制技术

建筑给水系统二次污染是指建筑供水设施对来自城镇供水管道的水进行贮存、加压和输送至用户的过程中，由于人为或自然的因素，使水的物理、化学及生物学指标发生明显变化，水质不符合标准，使水失去原有使用价值的现象。

建筑给水系统的二次污染不但影响供水安全，也造成了水的浪费。为了防止水质二次污染，节约用水，目前主要采取的措施有：在高层建筑给水中采用变频调速泵供水；生活与消防水池分开设置；严格执行设计规范中有关防止水质污染的规定；水池、水箱定期清洗，强化二次消毒措施、推广使用优质给水管材和优质水箱材料，加强管材防腐。

5. 大力发展建筑中水设施

中水设施是将居民洗脸、洗澡、洗衣服等洗涤水集中起来，经过去污、除油、过滤、消毒、灭菌处理，输入中水回用管网，以供冲厕、洗车、绿化、浇洒道路等非饮用水之用。中水系统回用 1 m³，等于少用 1 m³ 自来水，减少向环境排放近 1 m³ 污水，一举两得。所以，中水回用系统已在世界许多缺水城市广泛采用。

（三）给水系统节水

建筑给水系统是将城镇给水管网或自备水源给水管网的水引入室内，经室内配水管送至生活、生产和消防用水设备，并满足各用水点对水量、水压和水质要求的冷水供应系统。

自 20 世纪 70 年代后期起，我国开始逐步调整产业结构和工业布局，并加大了对工业用水和节水工作的管理力度，工业用水循环率稳步提高，单位产品耗水量逐步下降。近些年来，我国的国民经济产值逐年增长，而工业用水量却处于比较平稳的状态。我国已开始重视和规范生活用水，《建筑给水排水设计规范》（GB500 15—2003）于 2003 年 4 月 15 日发布。并于 2003 年 9 月 1 日起实施。新的设计规范中，根据近年来我国建筑标准的提高、卫生设备的完善和节水要求，对住宅、公共建筑、工业企业建筑等生活用水定额都做出修改，定额划分更加细致，在卫生设施更完善的情况下，有的用水定额稍有增加，有的略有下降。这样就从设计用水量的选用上贯彻了节水要求，为建筑节水工作的开展创造了条件。在此基础上要全面搞好建筑节水工作，还应从建筑给水系统的设计上限制超压出流。

1. 超压出流现象及危害

按照卫生器具的用途和使用要求而规定的卫生器具给水配件单位时间的出水量称为额定流量。为基本满足卫生器具使用要求而规定的给水配件前的工作压力称为最低工作压力。超压出流就是指给水配件前的压力过高，使得其流量大于额定流量的现象。由于这种水量浪费不易被人们察觉和认识，因此可称之为"隐形"水量浪费。

超压出流除造成水量浪费外，还会带来以下危害：

（1）水压过大，水龙头开启时，水呈射流喷溅，影响人们使用。

（2）超压出流破坏了给水系统流量的正常分配。当建筑物下层大量用水时，由于其给水配件前的压力高，出流量大，必然造成上层缺水现象，严重时会导致上层供水中断，产生水的供需矛盾。

（3）水压过大，水龙头启闭时易产生噪声和水击及管道振动，使得阀门和给水龙头等磨损较快，使用寿命缩短，并可能引起管道连接处松动漏水，甚至损坏，造成大量漏水，加剧了水的浪费。为避免超压出流造成的"隐形"水量浪费，对超压出流所造成的危害应引起足够重视。

2. 超压出流的防治技术

为减少超压出流造成的"隐形"水量浪费，应从给水系统的设计、安装减压装置及合理配置给水配件等多方面采取技术措施。

（1）采取减压措施。主要减压措施如下：

①设置减压阀。减压阀最常见的安装形式是支管减压，即在各超压楼层的住宅入户管（或公共建筑配水栅支管）上安装减压阀。这种减压方式可避免各供水点超压，使供水斥力的分配更加均衡，在技术上是比较合理的，而且一个减压阀维修，不会影响其他用户用水，因此各户不必设置备用减压阀。缺点是压力控制范围比较小，维护管理工作量较大。

高层建筑可以设置分区减压阀。这种减压方式的优点是减压阀数量较少，且设置较集中，便于维护管理；其缺点是各区支管压力分布仍不均匀，有些支管仍处于超压状态，而且从安全的角度出发，各区减压阀往往需要设置两个，互为备用。

高层建筑各分区下部立管上设置减压阀。这种减压方式与支管减压相比，所设减压阀数量较少。但各楼层水压仍不均匀，有些支管仍可能处于超压状态。

立管和支管减压相结合可使各层给水压力比较均匀，同时减少了支管减压阀的数量。但减压阀的种类较多，增加了维护管理的工作量。

②设置减压孔板。减压孔板是一种构造简单的节流装置，经过长期的理论和实验研究，该装置现已标准化。在高层建筑给水工程中，减压孔板可用于消除给水龙头和消火栓前的剩余水头，以保证给水系均衡供水，达到节水的目的。上海某大学用钢片自制直径 5 mm 的减压孔板，用于浴室喷头供水管减压，使同量的水用于洗澡的时间由原来的 4 个小时增加到 7 个小时，节水率达 43%，效果相当明显。北京某宾馆将自制的孔板装于浴室喷头供水管上，使喷头的出流量由原来 34 L/min 减少到 14 L/min，虽然喷头出流量减少，但淋浴人员并没有感到不适。

减压孔板相对减压阀来说，系统比较简单，投资较少，管理方便。但只能减动压，不能减静压，而且下游的压力随上游压力和流量而变，不够稳定。另外，供水水质不好时，减压孔板容易堵塞。因此，可以在水质较好和供水压力稳定的地区采用减压孔板。

③设置节流塞。节流塞的作用及优缺点与减压孔板基本相同，适于在小管径及其配件中安装使用。

（2）采用节水龙头。节水龙头与普通水龙头相比，节水量从 3% ~ 50% 不等，大部分在 20% ~ 30% 之间，并且在普通水龙头出水量越大（也即静压越高）的地方，节水龙头的节水量也越大。

3. 热水系统节水

随着人民生活水平的提高和建筑功能的完善，建筑热水供应已逐渐成为建筑供水不可缺少的组成部分。据统计，在住宅和宾馆饭店的用水量中，淋浴用水量已分别占到30%和75%左右。因此，科学合理地设计、管理和使用热水系统，减少热水系统水的浪费，是建筑节水工作的重要环节。

据调查和实际测试，无论何种热水供应系统，大多存在着严重的浪费现象，主要发生在开启热水配水装置后，不能及时获得满足使用温度的热水，往往要放掉不少冷水（或不能达到使用温度要求的水）后才能正常使用。这部分流失的冷水，未产生使用效益，可称为无效冷水，即浪费的水量。

建筑热水供应系统无效冷水产生的原因是设计、施工、管理等多方面因素造成的。如集中热水供应系统的循环方式选择不当、局部热水供应系统管线过长、热水管线设计不合理、施工质量差、温控装置和配水装置的性能不理想、热水系统在使用过程中管理不善等，都直接影响热水系统的无效冷水排放量。

建筑热水供应系统节水的技术措施包括：①对现有定时供应热水的无循环系统进行改造，增设热水回水管；②新建建筑的热水供应系统应根据建筑性质及建筑标准选用大管循环或立管循环方式；③尽量减少局部热水供应系统热水管线的长度，并应进行管道保温；④选择适宜的加热和储热设备，严格执行有关设计、施工规范，建立健全管理制度；⑤选择性能良好的单管热水供应系统的水温控制设备，双管系统应采用带恒温装置的冷热水混合龙头；⑥防止热水系统的超压出流。

（四）中水利用技术

1. 中水利用技术的基础

随着城市建设和工业的发展，用水量特别是工业用水量急剧增加，大量污废水的排放严重污染了环境和水源，使水质日益恶化，水资源短缺问题日益严重。新水源的开发工程又相当艰巨。面对这种情况，作为节水技术之一，中水利用是缓解城市水资源紧缺的切实可行的有效措施。建筑中水利用是将使用过的受到污染的水处理后再次利用，既减少了污水的外排量、减轻了城市排水系统的负荷，又可以有效的利用和节约淡水资源，减少对水环境的污染，具有明显的社会效益、环境效益和经济效益。

城市建筑小区的中水可回用于小区绿化、景观用水、洗车、清洗建筑物和道路以及室内冲洗厕所等。中水回用对水质的要求低于生活用水标准，具有处理工艺简单、占地面积小、运行操作简便、征地费用低、投资少等特点。近年来，城市建筑小区中水回用的实践证明，中水回用可大量节约饮用水的用量，缓和城市用水的供需矛盾，减少城市排污系统和污水处理系统的负担，有利于控制水体污染，保护生态环境。同时，面对国家实施的"用水定额管理"和"超定额累进加价"制度，中水回用将为建筑小区居民和物业管理部门带来可观的经济效益。随着建筑小区中水回用工程的进一步推广，其产生的环境效益、经济效益和社会效益将日益明显。

（1）中水利用基本概念。"中水"一词源于日文。它的意思是相对于"上水"和"下水"而言的。"上水"指的是城市自来水，即未经使用的新鲜水；"下水"指的是城市污水，即已经使用过并且采用排放措施将其扔掉的水。而"中水"则是指将使用过的水再进行利用的水。所谓"利用"是强调中水的品质及其经济可行性。广义上讲，水都是在重复利用的，水是循环的，废弃的水将返回到它的集体——地表水系或地下水系，形成一个循环。我们通常所称的中水是对建筑物、建筑小区的配套设施而言，又称为中水设施。

（2）国内外建筑中水利用概况。中水技术作为水回用技术，早在20世纪中叶就随工业化国家经济的高度发展、世界性水资源紧缺和环境污染的加剧而出现了。面对水资源危机，日本在20世纪60年代中期就开始污、废水回用，主要回用于工业农业和日常生活，称为"中水道"。美国和西欧发达国家也很早就推出了成套的处理设备和技术，其处理设备比较先进，水的回用率较高。

20世纪70年代末至1987年政发（60）号文（第一个中水文件）的发布，是我国技术引进吸收/试验研究阶段，主要进行对国外（主要是日本）中水技术的翻译、交流，外资合资中水项目的引进、消化。这一阶段实际应用工程虽少，但有关试验研究资料交流不少。20世纪80年代初，随着我国改革开放后对水的需求的增加以及北方地区的干旱形势，促使中水回用技术得到发展，1987年至20世纪末，是技术规范的初步建立和中水工程建设的推进阶段。从国内来看，北京市开展建筑中水技术的研究和推广工作较早，此外，上海、大连和太原等城市的中水设施建设初见成效，但是，从整体来看，建筑中水回用在我国仍然处于起步阶段。

建筑中水是指把民用建筑或建筑小区内的生活污水或生产活动中属于生活排放的污水和雨水等杂水收集起来，经过处理达到一定的水质标准后，回用于民用建筑或建筑小区内，用作小区绿化、景观用水、洗车、清洗建筑物和道路以及室内冲洗便器等的供水系统，如图2-1所示。建筑中水工程属于小规模的污水处理回用工程，相对于大规模的城市污水处理回用而言，具有分散、灵活、无须长距离输水和运行管理方便等特点。

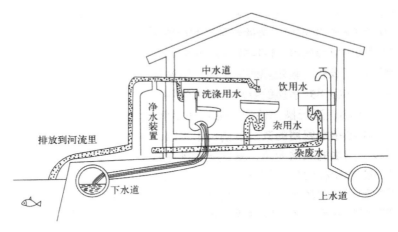

中水道
洗涤用水
饮用水
净水装置
杂用水
排放到河流里
杂废水
下水道
上水道

图2-1　建筑中水系统示意图

（3）建筑中水回用的意义。大量工程实践证明，建筑中水回用具有显著的环境效益、经济效益和社会效益。具体来说，有以下意义：①减少自来水消耗量，缓解城市用水的困难。②可减少城市生活污水排放量，减轻城市排污系统和污水处理系统的负担，并可在一定程度上控制水体的污染，保护生态环境。③建筑中水回用的水处理工艺简单，运行操作方便，供水成本低，基建投资小。

由于目前大部分地区的水资源费和自来水价格偏低，对于大多数实施建筑中水回用的单位来讲，其直接经济效益尚不尽如人意，但考虑到水资源短缺的大趋势以及引水排水工程的投资越来越大等因素，各城市的水资源增容费用和自来水价格必将逐步提高，而随着建筑中水技术的日益成熟和设计、管理水平的不断提高，中水的成本将会呈下降趋势。

（4）建筑中水回用存在的问题。我国建筑中水回用在发展中仍然存在一些问题。目前，相关政策法规和技术规范不健全，未形成配套产业政策和法规体系。建筑中水回用还没有形成市场机制，在中水设施的建设过程中没有发挥好经济杠杆的作用。中水工程建设程序混乱，对于建筑中水，一些设计部门只做集水和供水管道设计，不做水处理部分的设计，从而造成设计、施工、安装调试、运行等环节相互脱节，工程质量低下。

由于技术力量不足，设计经验欠缺，常常出现建筑中水回用工程投入使用后运行不正常，出水水质不达标或运行成本高等问题，以致目前国内已建成的中水工程运行率不高，给中水工程的推广使用带来了负面影响。

2. 建筑中水系统的类型和组成

建筑中水系统是给水排水工程技术、水处理工程技术及建筑环境工程技术相互交叉、有机结合的一项系统工程。建筑中水系统按服务范围和规模可分为：单幢建筑中水系统、建筑小区中水系统和区域性水循环建筑中水系统三大类。

（1）单幢建筑中水系统。单幢建筑中水系统的中水水源取自本系统内的杂排水（不含粪便排水）和优质杂排水（不含粪便和厨房排水）。对于设置单幢建筑中水系统的建筑，其生活给水和排水都应是双管系统，即给水管网为生活饮用水管道和杂用水管道分开，排水管网为粪便排水管道和杂排水管道分开的给、排水系统。单幢建筑中水系统处理的特点是流程简单、占地面积小，尤其是优质杂排水水量较大的各类建筑物。

（2）建筑小区中水系统。建筑小区中水系统的水源取自建筑小区内各建筑物排放的污水。根据建筑小区所在城镇排水设施的完善程度确定室内排水系统，但是应使建筑小区室外给、排水系统与建筑物内部给、排水系统相配合。建筑小区中水系统工程的特点是规模较大、管道复杂，但中水集中处理的费用较低，多用于建筑物分布较集中的住宅小区和高层楼群、高等院校等。

目前，设置中水工程的建筑小区室外排水多为粪便、杂排水分流系统，中水水源多取自杂排水。建筑小区和建筑物内部给水管网均为生活饮用水和杂用水双管配水系统。

（3）区域性水循环建筑中水系统。区域性水循环建筑中水系统一般以本地区城市污水处理厂的二级处理水为水源。区域性水循环建筑中水系统的室内、外排水系统可不必设置成分流双管排水系统，但是室内、外给水管网必须设置成生活饮用水和杂用水双管配水的给水系统。区域性水循环建筑中水系统适用于所在城镇具有污水二级处理设施，并且距污水处理厂较近的地区。

（4）建筑中水系统的组成。建筑中水系统由中水原水系统、中水处理系统和中水供水系统三部分组成。中水原水系统是指收集、输送中水原水到中水处理设施的管道系统和相关的附属构筑物；中水处理系统是指对中水原水进行净化处理的工艺流程、处理设备和相关构筑物；中水供水系统是指把处理合格后的中水从水处理站输送到各个用水点的管道系统、输送设备和相关构筑物。

3. 中水供水系统

中水供水系统的作用是把处理合格的中水从水处理站输送到各个用水点。凡是设置中水系统的建筑物或建筑小区，其建筑内、外都应分开设置饮用水供水管网和中水供水管网，以及两个管网各自的增压设备和储水设施。常用的增压储水设备（设施）有饮用水蓄水池、饮用水高位水箱、中水储水池、中水高位水箱、水泵或气压供水设备等。

（1）中水供水系统的类型。中水供水系统按其用途可分为两类：①生活杂用中水供水系统。该种系统的中水主要供给公共建筑、民用建筑和工厂生活区冲洗便器、冲洗或浇洒路面、绿化和冷却水补充等杂用。②消防中水供水系统。该种系统的中水主要用作建筑小区、大型公共建筑的独立消防系统的消防设备用水。

（2）建筑小区室外中水供水系统。

①室外中水供水系统的组成。室外中水供水系统的组成与一般给水系统的组成相似，一般由中水配水干管、中水分水管、中水配水闸门井、中水储水池，中水高位水箱（水塔）和中水增压设备等组成。经中水处理站处理合格的中水先进入中水储水池，经加压泵站提送到中水高位水箱或中水水塔后进入中水配水干管，再经中水分配管输送到各个中水用水点。

在整个供水区域内，水管网根据管线的作用不同可分为中水配水干管和中水分配管。干管的主要作用是输水，分配管主要用于把中水分配到各个用水点。

②室外中水供水管网的布置。根据建筑小区的建筑布局、地形、各用水点对中水水量和水压的要求等情况，中水供水管网可设置成枝状或环状。对于建筑小区面积较小、用水量不大的，可采用枝状管网布置方式；对于建筑小区面积较大且建筑物较多、用水量较大，特别是采用生活杂用－消防共用管网系统的，宜布置成环状管网。

室外中水供水管网的布置应紧密结合建筑小区的建设规划，做到安全统一、分期施工，这样既能及时供应生活杂用水和消防用水，又能适应今后的发展。在确定管网布置方式时，应根据建筑小区地形、道路和用户对水量、水压的要求提出几种管网布置方案，经过技术和经济比较后再最终确定。

（3）室内中水供水系统。室内中水供水系统与室内饮用水管网系统类似，也是由进户管、水表节点、管道及附件、增压设备、储水设备等组成，室内杂用－消防共用系统还应有消防设备。室内中水系统的供水方式一般应根据建筑物高度、室外中水供水管网的可靠压力、室内中水管网所需压力等因素确定，通常分为以下五种：

①直接供水方式（图2-2）。当室外中水管网的水压和水量在一天内任何时间均能满足室内中水管网的用水需要时，可采用这种供水方式，这种方式的优点是设备少、投资省、便于维护、节省能源，是最简单、经济的供水方式，应尽量

优先采用。该方式的水平干管可布设在地下或地下室的顶棚下，也可布设在建筑物最高层的天花板下或吊顶层中。

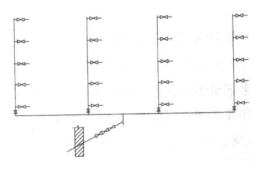

图2-2　直接供水方式管网示意图

②单设屋顶水箱的供水方式（图2-3）。当室外中水管网的水压在一天内大部分时间能够满足室内中水管网的水压要求，仅在用水高峰期时段不能满足供水水压时，可采用这种供水方式。当室外中水管网水压较大时，可供到室内中水管网和屋顶水箱；当室外中水管网的水压因用水高峰而降低时，高层用户可由屋顶水箱供给中水。

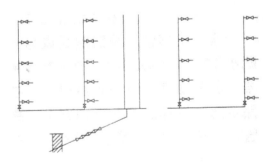

图2-3　单设屋顶水箱的供水方式

③设置水泵和屋顶水箱的供水方式（图2-4）。当室外中水管网的水压低于室内中水管网所需的水压或经常不能满足室内供水水压，且室内用水不均匀时，可采用这种供水方式。水泵由吸水井或中水储水池将中水提升到屋顶水箱，再由屋顶水箱以一定的水压将中水输送到各个用户，从而保证满足室内管网的供水水压和供水的稳定性。这种供水方式由于水泵可及时向水箱充水，所以水箱体积可以较小；又因为水箱具有调节作用，可保证水泵的出水量稳定，在高效率状态下工作。

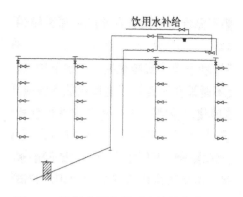

图2-4 设置水泵和屋顶水箱的供水方式

④分区供水方式（图2-5）。在一些高层建筑物中，室外中水管网的水压往往只能供到建筑物的下面几个楼层，而不能供到较高的楼层。为了充分利用室外中水管网的水压，通常将建筑物分成上下两个或两个以上的供水区，下区由室外中水管网供水，上区通过水泵和屋顶水箱联合供水。各供水区之间由一根或两根立管连通，在分区处装设阀门，在特殊情况时可使整个管网全部由屋顶水箱供水。

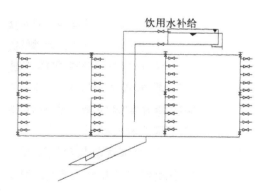

图2-5 分区供水方式示意图

⑤气压供水方式。当室外中水管网的水压经常不足，而建筑物内又不宜设置高位水箱时，可采用这种供水方式。在中水供水系统中设置气压给水设备，并利用该设备的气压水罐内气体的可压缩性，储存调节和升压供水。水泵从储水池或室外中水管网吸水，经加压后送至室内中水管网和气压罐内，停泵时再由气压罐向室内中水管网供水，并由气压水罐调节存水量及控制水泵运行。

这种供水方式具有设备可设置于建筑物任意位置、安装方便，水质不容易受到污染，投资省、便于实现自动化控制等优点。其缺点是供水压力波动较大、管理及运行费用较高、供水的安全性较差。

（4）室内供水系统的管道布置。室内供水系统的管道布置与建筑物的结构、性质、中水供水点的数量及位置和采用的供水方式有关。管道布置的基本原则如下：①管道布置时应尽可能呈直线走向，力求长度最短，并与墙、梁、柱平行敷设。②管道不允许敷设在排水沟、烟道和风道内，以免管道被腐蚀。③管道不应穿越橱窗、壁橱和木装修，以便于管道维修。④管道应尽量不直接穿越建筑物的沉降缝，如果必须穿越时应采取相应的保护措施。

二、城市节水措施

（一）加强城市节水管理

1. 建立节水创新管理体系

各地区应建立统一的水管理机构，负责统筹管理城市（或流域）范围内的给排水循环系统，使得城市水系统能良性循环。健全节约用水法规体系，加强法制管理。建立科学的节水管理模式，制定严格、合理的考核指标，使节水工作得以有效进行。

2. 做好节水教育宣传

通过宣传教育，使全社会均有节水意识，人人参与到节水行动中，养成节约用水的好习惯。节水宣传教育首先要改变传统的用水观念，建立可持续发展的用水理念。充分认识到地球上的水资源是有限的，并非取之不尽，用之不竭；水是有价值的资源，维持水的健康社会循环，才能实现水资源的可持续利用。让人们认识到节约用水是解决水资源短缺的有效途径之一，具有十分重要的意义。

3. 建立多元化的水价体系

水资源具有使用价值，能满足人们生产及生活的需要，通过合理开发和利用水资源，能促进社会经济发展。水资源属国家所有，绝大部分水利设施为国有资产。因此水资源对使用者而言是一种特殊商品，应有偿使用。目前我国的水价主要采用行业固定收费法，即相同用水对象水价固定不变，不随用水量而变化，且水价低于制水成本，背离价值。这样就会造成水资源浪费，无法实现水资源可持续利用。所以必须进行水价改革，建立一种科学的、适应市场经济的水价管理体系，建立多元化水价体系。

（1）因地制宜，采用丰枯年际浮动水价或季节浮动价格。季节水价即根据需水量调整价格，需水量大的季节水价高，需水量小的季节水价低。年际浮动水价，即根据不同年的水资源实际情况调整水价，丰水年水价低，枯水年水价高。一般情况下，居民夏季用水会高于冬季 15% ~ 20%。因此，夏季提高单位水价会促使用户节约用水，缓解用水高峰期供需矛盾。

（2）实行累进递增式水价。以核定的计划用水为基数，计划内实行基本水价，当用水量超过计划指标时，其超过部分水量实行不同等级水价，超出越多水价越高，以价格杠杆促进水资源的优化配置。这种以低价供应的定额水量，保证了用户基本用水需求，但又不会造成很重的负担；而对超量部分实行高价，能够很好地实现节水目的。

（3）不同行业采用不同水费标准，以节制用水。对市政用水、公共建筑用水，取低费率，但实行累进递增收费制；对工业企业，提高其用水的水费基准，以增加水在成本费中的构成比例，促进工业节水；对服务行业用水，取高费率，实行累进递增收费制。

（4）增加工业和生活排污费用。根据水的健康可持续循环理念，在自来水水价之中必须包括污水排放、收集和处理的费用。自来水价格应按照商品经济规律定价，即包括给水工程和相应排水工程的投资和经营成本以及企业盈利部分。这样从经济上保证了水的社会循环呈良性发展，保护天然水环境不受污染和水资源的可持续利用。

（二）节水型卫生器具的应用

1. 节水器具设备的含义

节水型器具设备是指低流量或超低流量的卫生器具设备，是与同类器具与设备相比具有显著节水功能的用水器具设备或其他检测控制装置。节水器具设备有两层含义：一是其在较长时间内免除维修，不发生跑、冒、滴、漏等无用耗水现象；二是设计先进合理、制造精良、使用方便，较传统用水器具设备能明显减少用水量。

城市生活用水主要通过给水器具设备的使用来完成，而在给水器具设备中，卫生器具设备又是与人们日常生活息息相关的，可以说，卫生器具与设备的性能对于节约生活用水具有举足轻重的作用。因此，节水器具设备的开发、推广和管理对于节约用水的工作是十分重要的。节水型器具设备种类很多，主要包括节水型龙头阀门类，节水型淋浴器类，节水型卫生器具类，水位、水压控制类以及节水装置设备类等。这类器具设备节水效果明显，用以代替低用水效率的卫生器具设备，可平均节省 31% 的生活用水。

2. 节水器具设备的节水方法

节水器具设备的常用节水途径有：限定水量，如使用限量水表；限制水流量或减压，如各类限流、节流装置；限时，如各类延时自闭阀；限定（水箱、水池）水位或水位实施传感、显示，如水位自动控制装置、水位报警器；防漏，如低位水箱的各类防漏阀；定时控制（如定时冲洗装置改进操作或提高操作控制的灵敏性），如冷热水混合器、自动水龙头、电磁式淋浴节水装置；提高用水效率，如多次、重复利用；适时调节供水水压或流量，如水泵机组调速给水设备。上述方法基本上都是通过利用器具减少水量浪费的。

3. 节水器具设备的基本要求

节水器具和设备往往可采取不同的方法，所以常用节水器具和设备的种类繁多，选择时应依据其作用原理，着重考察是否满足下列基本要求：①实际节水效果好。与同类用途的其他器具相比，在达到同样使用效果时用水量相对较少。②安装调试、操作使用、维修方便。③质量可靠、结构简单、经久耐用。节水器具必须保证长期使用而不漏水，质量好、经久耐用是节水型生活用水器具的基本条件和重要特征。④技术上应有一定的先进性，在今后若干年内具有使用价值，不被淘汰。⑤经济合理。在保证以上四个特点的同时具有较低的成本。合格的节水器具和设备都应全面体现以上要求，否则就难以推广应用。

3. 节水型阀门

节水型阀门主要包括延时自闭式便池冲洗阀、表前专用控制阀、减压阀、疏水阀、水位控制阀和恒温混水阀等。

（1）延时自闭冲洗阀。延时自闭式便池冲洗阀（图2-6）是一种理想的新型便池冲洗洁具，它是为取代以往直接与便器相连的冲洗管上的普通闸阀而产生的。它利用阀体内活塞两端的压差和阻尼进行自动关闭，具有延时冲洗和自动关闭功能。同时具有节约空间、节约用水、容易安装、经久耐用、价格合理、操作简单及防水源污染等优点。

（2）表前专用控制阀（图2-7）。表前专用控制阀的主要特点是在不改变国家标准阀门的安装口径和性能规范的条件下，通过改变上体结构，采用特殊生产工艺，使之达到普通工具打不开，而必须由供管水部门专管的"调控器"方能启闭的效果，从而解决了长期以来阀门管理失控、无节制用水，甚至破坏水表等问题。

（3）减压阀。减压阀是一种自动降低管路工作压力的专门装置。它可将阀前管路较高的水压减少至阀后背路所需的水平。减压阀广泛用于高层建筑、城市给水管网水压过高的区域／矿井及其他场合，以保证给水系统中各用水点获得适当的服务水压和流量。虽然水流通过减压阀有很大的水头损失，但由于减少了水的浪费并使系统流量分布合理，改善了系统布局与工况，因此从整体上讲仍是节能的。

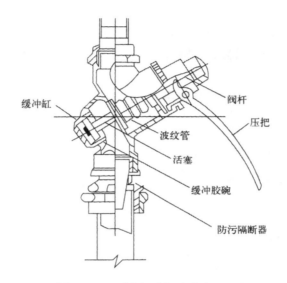

图2-6 延时自闭式便池冲洗阀构造

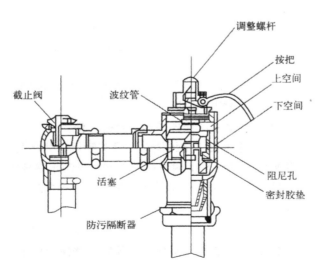

图2-7 表前专用控制阀

（4）疏水阀。疏水阀是蒸汽加热系统的关键附件之一，主要作用是保证蒸汽凝结水及时排放，同时又防止蒸汽漏失，在蒸汽冷凝水回收系统中起关键作用。

由于传热要求的不同，选用疏水阀的形式也不相同，疏水阀有倒吊桶式、热动力式、脉冲式、浮球式、浮筒式、双金属型、温控式等。

（5）水位控制阀。水位控制阀是装于水箱、水池或水塔水柜进水管口并依靠水位变化控制水流的特种阀门。阀门的开启和关闭借助于水面浮球上下时的自重、浮力及杠杆作用。浮球阀即为一种常见的水位控制阀，此外还有一些其他形式的水位控制阀。

（6）恒温混水阀。混水阀主要用于机关、团体、旅馆以及社会上的公共浴室中，是为单管淋浴提供恒温热水的一种装置，也可以用于洗涤、印染、化工等行业中需要恒温热水的场合。

5. 节水型水龙头

节水型水龙头主要有延时自闭水龙头、磁控水龙头和停水自动关闭水龙头等产品。

（1）延时自闭水龙头。延时自闭水龙头每次给水量不大于 1 L，给水时间 4 ~ 6 s。按其作用原理，延时自闭水龙头可分为水力式，光电感应式与电容感应式等类型。

（2）磁控水龙头。磁控水龙头是以 ABS 塑料为主材并由包有永久高效磁铁的阀芯和耐水胶圈为配套件制作而成。其工作原理是利用磁性本身具有的吸引力和排斥力启闭水龙头，控制块与龙头靠磁力传递，整个过程为全封闭动作，具有耐腐蚀、密封好、水流清洁卫生、节能和磁化水功能。启闭快捷、轻便，控制块可固定在龙头上或另外携带，有效克服了传统龙头因机械转动而造成的跑、冒、滴、漏现象。

（3）停水自动关闭水龙头。当给水系统供水压力不足或不稳定时，可能引起管路暂停供水，如果用户未及时关闭水龙头，则当管路系统再次"来水"时会使水大量流失，甚至到处溢流造成损失。停水自动关闭水龙头除具有普通水龙头的用水功能外还能在管路"停水"时自动关闭，以免发生上述情况。它是一种理想的节水节能产品，尤其适用于水压不稳或定时供水的地区。

6. 节水型卫生洁具

节水型卫生洁具包括节水型淋浴器具、坐便器、小便器等。

（1）节水型淋浴器具。淋浴器具是各种浴室的主要洗浴设施。浴室的年耗水量很大，据不完全统计，约占生活用水量的1/3。为了避免出现浪费现象，最有效的方法是采用非手控给水方式，例如，脚踏式淋浴阀，电控、超声控制等多种淋浴阀。

（2）坐便器。坐便器即抽水马桶，其用水量是由坐便器本身的构造决定的，冲洗用水量发展变化的情况为：17 L → 15 L → 13 L → 9 L → 6 L → 3I/6 L。坐便器是卫生间的必备设施，用水量占到家庭用水量的 30% ~ 40%，所以坐便器节水非常重要。坐便器按冲洗方式分为三类，即虹吸式、冲洗式和冲洗虹吸式。目前，坐便器从冲洗水量和噪声控制上有很大改进。感应式坐便器是在满足节水型坐便器的条件下改变控制方式，根据红外线感应控制电磁阀冲水，从而达到自动冲洗的节水效果。

（3）小便器。小便器包括节水型小便器，分为同时冲洗和个别冲洗两种，免冲式小便器，小便槽用不透水保护涂层预涂，以阻止细菌生长和结垢，以及感应式小便器，它也是根据红外线感应控制电磁阀冲水，达到冲洗节能效果。

7. 沟槽式公厕自动冲洗装置

沟槽式公厕由于它的集中使用性和维护管理简便等独特的性能，目前在学校等共场所仍在使用，所以卫生和节水成为主要考核指标。常用于沟槽式公厕的冲水装置有：

（1）水力自动冲洗装置。水力自动冲洗装置由来已久，其最大的缺点是只能单纯实现定时定量冲洗，在卫生器具使用的低峰期（如午休、夜间，节假日等）也照样冲洗，造成水的大量浪费。

（2）感应控制冲洗装置。感应控制冲洗装置的原理及特点：采用先进的人体红外感应原理及微电脑控制，有人如厕时，定时冲洗；夜间、星期天及节假日无人如厕时，自动停止冲洗。感应式控制冲洗器适用于学校、厂矿、医院等单位沟槽式厕所的节水型冲洗设备。应用此产品组成的冲洗系统，不仅冲洗力大，冲洗效果好，而且解决了旧式虹吸水箱一天 24 h 长流不停，用水严重浪费的问题。每个水箱每天可比旧式虹吸水箱节水 16 L 以上，节水率超过 80%。

（3）压力虹吸式冲洗水箱。压力虹吸式是一种特制的水箱，发泡塑料纸做的浮圈代替了进水阀的浮球及排水阀提水盘。拉动手柄，浮圈被压下降，箱内的水位上升至虹吸水位，立即排水。其有效水量 7 L，比标准水箱的 11 L 少用水 36%。这种水箱零件少，经久耐用。但是它不能分档，适用于另设小便器的单位厕所的蹲式大便器。

（4）延时自闭式高水箱。延时自闭式高水箱按力大时，排水时间长，排水量大；按力小时则小，其排水量可控制在 5 ~ 11 L，节水近 40%。

第三节 农业用水节水技术

我国是农业大国，以农业经济为主的我国西北地区，农业用水占整个地区用水的比重更大，甘肃、内蒙古、宁夏和新疆等省区农业用水量占当地总用水量比例超过75%。区域性缺水极大地限制了当地经济和工业的发展。从干旱分布情况来看，我国黄河以北地区的干旱面积较大。我国目前农业用水的有效利用率不到50%，与发达国家的70%～80%的利用率相差甚远，农业节水灌溉对我国农业以及经济的发展具有深远意义。如果灌溉水利用率提高10%～15%，同时灌溉水生产率也提高10%～15%，可减少灌溉用水量（800～1000）×10^8 m^3。

节水农业以水、土、作物资源综合开发利用为基础，以提高农业用水效率和效益为目标。衡量节水农业的标准是作物的产量及其品质、水的利用率及水分生产率。节水农业包括节水灌溉农业和旱地农业。节水灌溉农业综合运用工程技术、农业技术及管理技术，合理开发利用水资源，以提高农业用水效益。旱地农业指在降水偏少、灌溉条件差的地区所从事的农业生产。节水农业包含的内容：①农学范畴的节水，如调整农业结构、作物结构，改进作物布局，改善耕作制度（调整熟制、发展间套作等），改进耕作技术（整地、覆盖等），培育耐旱品种等；②农业管理范畴的节水，包括管理措施、管理体制与机构，水价与水费政策，配水的控制与调节，节水措施的推广应用等；③灌溉范畴的节水，包括灌溉工程的节水措施和节水灌溉技术，如喷灌、滴灌等。

一、喷灌节水技术

喷灌是把有压力的水通过装有喷头的管道喷射到空中形成水滴洒到田间的灌水方法。这种灌溉方法比传统的地面灌溉节水30%～50%，增产20%～30%，具有保土、保水、保肥、省工和提高土地利用率等优点。喷灌在使用过程不断改进，喷灌节水设备已从固定式发展到移动式，提高了喷灌的适应性。

二、滴灌节水技术

滴灌是利用塑料管（滴灌管）道将水通过直径约10 mm毛管上的孔口或滴头送到作物根部进行局部灌溉。滴灌几乎没有蒸发损失和深层渗漏，在各种地形和土壤条件下都可使用，最为省水。实验结果表明，滴灌比喷灌节水33.3%，节

电 41.3%，比畦灌节水 81.6%，节电 85.3%，与大水漫灌相比，一般可增产 20%
~ 30%。

三、微灌节水技术

微灌是介于喷灌、滴灌之间的一种节水灌溉技术，它比喷灌需要的水压力
小，雾化程度高，喷洒均匀，需水量少。喷头也不像滴灌那样易堵塞，但出水量
较少，适于缺水地区蔬菜、果木和其他经济作物灌溉。

四、渗灌节水技术

渗灌是利用埋设在地下的管道，通过管道本身的透水性能或出水微孔，将水
渗入土壤中，供作物根系吸收，这种灌溉技术适用的条件是地下水位较深，灌
溉水质好，没有杂物，暗管的渗水压强应和土壤渗吸性相适应，压强过小则出水
慢，不能满足作物需水要求，压强过大则增加深层渗漏，达不到节水的目的。常
用砾石混凝土管、塑料管等作为渗水管，管壁有一定的孔隙面积，使水流通过，
渗入土壤。渗灌比地面灌溉省水省地，但因造价高、易堵塞和不易检修等原因，
所以发展较慢。

五、渠道防渗

渠道防渗不仅可以提高流速，增加流量，防止渗漏，而且可以减少渠道维修
管理费用。渠道防渗方法有两种：一种是通过压实改变渠床土壤渗透性能，增加
土壤的密实度和不透水性；二是用防渗材料如混凝土、塑料薄膜、砌石、水泥、
沥青等修筑防渗层。混凝土衬砌是较普遍采用的防渗方法，防渗防冲效果好，耐
久性强，但造价高。塑料薄膜防渗效果好，造价也较低，但为防止老化和破损，
需加覆盖层，在流速小的渠道中，加盖 30 cm 以上的保护土层；在流速大的渠道
中，加混凝土保护。防渗渠道的断面有梯形、矩形和 U 形，其中 U 形混凝土槽
过水流量大、占地少、抗冻效果好，所以应用较多。

六、塑料管道节水技术

塑料管道有两种：一种是适用于地面输水的软塑管道，另一种是埋入地下的
硬塑管道。地面管道输水有使用方便、铺设简单、可以随意搬动、不占耕地、用
后易收藏等优点，最主要的是可避免沿途水量的蒸发渗漏和跑水。据实测，水的
有效利用率 98%，比土渠输水节省 30% ~ 36%。地下管道输水灌溉具有技术性

能好、使用寿命长、节水、节地、节电、增产、增效、输水方便等优点。塑料管材的广泛应用，可以有效节约水资源，为增产增收提供了可靠的保证。

我国目前灌溉面积占总耕地面积不足一半，灌溉水利用率低，不到50%，而先进国家达到70%～80%。我国1 m³水粮食生产能力只有1.2 kg左右，而先进国家为2 kg，以色列达2.32 kg。全国节水灌溉工程面积占有效灌溉面积的1/3，采用喷灌、滴灌等先进节水措施的灌溉面积仅占总灌溉面积的4.6%，而有些发达国家占灌溉面积的80%以上，美国占50%。国内防渗渠道工程仅占渠道总长的20%。由此可以看出，我国农业节水技术水平还比较低，农业节水潜力很大。

第四节　海水淡化与雨水有效利用技术

一、海水利用与淡化技术

（一）海水利用基础

在沿海缺乏淡水资源的国家和地区，海水资源的开发利用越来越受到重视。海水利用包括直接利用和海水淡化利用两种途径。

1. 国内外海水利用概况

国外沿海国家都十分重视对海水的利用，美国、日本、英国等发达国家都相继建立了专门机构，开发海水的利用及淡化技术。据统计，全球海水淡化总产量已达到日均6348万t，海水冷却水年用量超过7000×10^8 m³。美国在20世纪80年代用于冷却水的海水量就已达到720×10^8 m³/a，目前工业用水的20%～30%仍为海水。日本在20世纪30年代就开始将海水用于工业冷却水。日本每年直接利用海水近2000×10^8 m³。当今海水淡化装置主要分布在两类地区：一是沿海淡水紧缺的地区，如中东的科威特、沙特阿拉伯、阿联酋，美国的圣迭戈市等国家和地区；二是岛屿地区，如美国的佛罗里达群岛和基韦斯特海军基地，中国的西沙群岛等。

目前我国沿海城市发展速度迅速，城市需水量大，淡水资源严重不足，供需矛盾日益突出。沿海城市的海水综合利用开发是解决淡水资源缺乏的重要途径之一。青岛、大连、天津等沿海城市多年来直接利用海水用于工业生产，节约了大量淡水资源。

2. 海水水质特征

海水化学成分十分复杂，主要是含盐量远高于淡水。海水中总含盐量高达

6000 ～ 50000 mg/L，其中氯化物含量最高，约占总含盐量 89%；硫化物次之，再次为碳酸盐及少量其他盐类。海水中盐类主要是氯化钠，其次是氯化镁、硫酸镁和硫酸钙等。与其他天然水源所不同的一个显著特点是海水中各种盐类和离子的质量比例基本衡定。

按照海域的不同使用功能和保护目标，我国将海水水质分成四类：第一类，适用于海洋渔业水域，海上自然保护区和珍稀濒危海洋生物保护区。第二类，适用于水产养殖区，海水浴场，人体直接接触海水的海上运动或娱乐区，以及与人类食用直接有关的工业用水区。第三类，适用于一般工业用水区，滨海风景旅游区。第四类，适用于海洋港口水域，海洋开发作业区。具体分类标准可参考《海水水质标准》(GB 3097—1997)。

3. 海水利用途径

海水作为水资源的利用途径有直接利用和海水淡化后综合利用。直接利用指海水经直接或简单处理后作为工业用水或生活杂用水，可用于工业冷却、洗涤、冲渣、冲灰、除尘、印染用水、海产品洗涤、冲厕、消防等用途。海水经淡化除盐后可作为高品质的用水，用于生活饮用，工业生产等，可替代生活饮用水。

直接取用海水作为工业冷却水占海水利用总量的 90% 左右。使用海水冷却的对象有：火力发电厂冷凝器、油冷器、空气和氨气冷却器等；化工行业的蒸馏塔、碳化塔、煅烧炉等；冶金行业气体压缩机、炼钢电炉、制冷机等；食品行业的发酵反应器、酒精分离器等。

（二）海水利用技术

1. 海水直接利用技术

（1）工业冷却用水。工业冷却水占工业用水量的 80% 左右，工业生产中海水被直接用作冷却水的用量占海水总用量的 90% 左右。利用海水冷却的方式有间接冷却和直接冷却两种。其中以间接冷却方式为主，它是一种利用海水间接换热的方式达到冷却目的，如冷却装置、发电冷凝、纯碱生产冷却、石油精炼、动力设备冷却等都采用间接冷却方式。直接冷却是指海水与物料接触冷却或直喷降温冷却方式。在工业生产用水系统方面，海水冷却水的利用有直流冷却和循环冷却两种系统。直流冷却效果好，运行简单，但排水量大，对海水污染严重；循环冷却取水量小，排污量小，总运行费用低，有利于保护环境。海水冷却的优点：①水源稳定，水量充足；②水温适宜，全年平均水温 0 ～ 25 ℃，利于冷却；③动力消耗低，直接近海取水，降低输配水管道安装及运行费用；④设备投资较少，水处理成本较低。

（2）海水用于再生树脂还原剂。在采用工业阳离子交换树脂软化水处理技术中，需要定期对交换树脂床进行再生。用海水替代食盐作为树脂再生剂对失效的树脂进行再生还原，这样既节省盐又节约淡水。

（3）海水作为化盐溶剂。在制碱工业中，利用海水替代自来水溶解食盐，不仅节约淡水，而且利用海水中的盐分减少了食盐原材用量，降低制碱成本。例如，天津碱厂使用海水溶盐，每吨海水可节约食盐 15 kg，仅此一项每年可创效益约 180 万元。

（4）海水用于液压系统用水。海水可以替代液压油用于液压系统，海水水温稳定、黏度较恒定，系统稳定，使用海水作为工作介质的液压系统，构造简单，不需要设冷却系统、回水管路及水箱。海水液压传动系统能够满足一些特殊环境条件下的工作，如潜水器浮力调节、海洋钻井平台及石油机械的液压传动系统。

（5）冲洗用水。海水简单处理后即可用于冲厕。香港从 20 世纪 50 年代末开始使用海水冲厕，通过进行海水、城市再生水和淡水冲厕三种方案的技术经济对比，最终选择海水冲厕方案。我国北方沿海缺水城市，天津、青岛、大连也相继采用海水冲厕技术，节约了淡水资源。

（6）消防用水。海水可以作为消防系统用水，应用时应注意消防系统材料的防腐问题。

（7）海产品洗涤。在海产品养殖中，海水用于洗涤海带、海鱼、虾、贝壳类等海产品的清洗加工。用于洗涤的海水需要进行简单的预处理，加以澄清以去除悬浮物、菌类，可替代淡水进行加工洗涤，节约大量淡水资源。

（8）印染用水。海水中一些成分是制造染料的中间体，对染整工艺中染色有促进作用。海水可用于印染行业中煮炼、漂白、染色和漂洗等工艺，节约淡水资源和用水量，减少污染物排放量。我国第一家海水印染厂 1986 年建于山东荣成石岛镇，该厂采用海水染色纯棉平纹，比淡水染色工艺节约染料、助剂 30% ~ 40%；染色牢固度提高两级，节约用水 1/3。

（9）海水脱硫及除尘。海水脱硫工艺是利用海水洗涤烟气，并作为 SO 吸收剂，无须添加任何化学物质，几乎没有副产物排放的一种湿式烟气脱硫工艺。该工艺具有较高的脱硫效率。海水脱硫工艺系统由海水输送系统、烟气系统、吸收系统、海水水质恢复系统、烟气及水质监测系统等组成。海水不仅可以进行烟气除尘，还可用于冲灰。国内外很多沿海发电厂采用海水作冲灰水，节约大量淡水资源。

2. 海水淡化技术

海水淡化是指除去海水中的盐分而获得淡水的工艺过程。海水淡化是实现水资源利用的开源增量技术，可以增加淡水总量，而且不受时空和气候影响，水质好、价格渐趋合理。淡化后海水可以用于生活饮用、生产等各种用水领域。

不同的工业用水对水的纯度要求不同。水的纯度常以含盐量或电阻率表示。含盐量指水中各种阳离子和阴离子总和，单位为 mg/L 或 %。电阻率指 $1\ cm^3$ 体积的水所测得的电阻，单位为欧姆厘米（$\Omega\cdot cm$）。根据工业用水水质不同，将水的纯度分为四种类型，见表2-1。

表2-1　水的纯度类型

类型	含盐量/（mg/L）	电阻率/（$\Omega\cdot cm$）
淡化水	$n \sim n\times100$	$n\times100$
脱盐水	$1.0\sim5.0$	（$0.1\sim1.0$）$\times10^6$
纯水	<0.1	（$1.0\sim10$）$\times10^6$
高纯水	<0.1	$>10\times10^6$

淡化水，一般指将高含盐量的水如海水，经过除盐处理后成为生活及生产用的淡水。脱盐水相当于普通蒸馏水。水中强电解质大部分已去除，剩余含盐量约为 $1\sim5\ mg/L$。25℃时水的电阻率为 $0.1\sim1.0\ M\Omega\cdot cm$。纯水，亦称去离子水。纯水中强电解质的绝大部分已去除，而弱电解质也去除到一定程度，剩余含盐量在 $1\ mg/L$ 以下，25℃时水的电阻率为 $1.0\sim10\ M\Omega\cdot cm$。高纯水又称超纯水，水中的电解质几乎已全部去除，而水中胶体微粒微生物、溶解气体和有机物也已去除到最低的程度。高纯水的剩余含盐量应在 $0.1\ mg/L$ 以下，25℃时，水的电阻率在 $10\ M\Omega\cdot cm$ 以上。理论上纯水（即理想纯水）电阻率应等于 $18.3\ M\Omega\cdot cm$（25℃时）。

目前，海水淡化方法有蒸馏法、反渗透法、电渗析法和海水冷冻法等。目前，中东和非洲国家的海水淡化设施均以多级闪蒸法为主，其他国家则以反渗透法为主。

（1）蒸馏法。蒸馏法是将海水加热汽化，待水蒸气冷凝后获取淡水的方法。蒸馏法依据所用能源、设备及流程的不同，分为多级闪蒸、低温多效和蒸汽压缩蒸馏等，其中以多级闪蒸工艺为主。

（2）反渗透法。反渗透法指在膜的原水一侧施加比溶液渗透压高的外界压力，原水透过半透膜时，只允许水透过，其他物质不能透过而被截留在膜表面的过程。反渗透法是 20 世纪 50 年代美国政府援助开发的净水系统。60 年代用于海水淡化。采用反渗透法制造纯净水的优点是脱盐率高，产水量大，化学试剂消耗少，水质稳定，离子交换树脂和终端过滤器寿命长。由于反渗透法在分离过程中，没有相态变化，无须加热，能耗少，设备简单，易于维护和设备模块化，正在逐渐取代多级闪蒸法。

（3）电渗析法。电渗析法是利用离子交换膜的选择透过性，在外加直流电场的作用下使水中的离子有选择的定向迁移，使溶液中阴阳离子发生分离的一种物理化学过程，属于一种膜分离技术，可以用于海水淡化。海水经过电渗析，所得到的淡化液是脱盐水，浓缩液是卤水。

（4）海水冷冻法。冷冻法是在低温条件下将海水中的水分冻结为冰晶并与浓缩海水分离而获得淡水的一种海水淡化技术。冷冻海水淡化法原理是利用海水三相点平衡原理，即海水汽、液、固三相共存并达到平衡的一个特殊点。若改变压力或温度偏离海水的三相平衡点，平衡被破坏，三相会自动趋于一相或两相。真空冷冻法海水淡化技术利用海水的三相点原理，以水自身为制冷剂，使海水同时蒸发与结冰，冰晶再经分离、洗涤而得到淡化水的一种低成本的淡化方法。真空冷冻海水淡化工艺包括脱气、预冷、蒸发结晶、冰晶洗涤、蒸汽冷凝等步骤。与蒸馏法、膜海水淡化法相比，冷冻海水淡化法腐蚀结垢轻，预处理简单，设备投资小，并可处理高含盐量的海水，是一种较理想的海水淡化技术。海水淡化法工艺的温度和压力是影响海水蒸发与结冰速率的主要因素。冷冻法在淡化水过程中需要消耗较多能源，获取的淡水味道不佳，该方法在技术中还存在一些问题，影响到其使用和推广。

（三）海水利用实例

1. 大亚湾核电站——海水代用冷却水

大亚湾核电站位于广东省深圳市西大亚湾北岸，是我国第一个从国外引进的大型核能建设项目。核电站由两台装机容量为 100×10^4 kW 压水堆机组成，总投资 40 亿美元。自 1994 年投产，年发电量均在 100×10^8 kW·h 以上，运行状况良好。在核电站旁边还建有四台 100×10^4 kW 机组，分别于 2003 年和 2010 年投入运营。大亚湾核电站冷却水流量高达 90 m³/s 以上，利用海水冷却。采用渠道输水，取水口设双层钢索拦网以防止轮船撞击。取水流速与湾内水流接近，以减少生物和其他物质的进入。泵站前避免静水区，减少海藻繁殖和泥沙沉积。

2. 华能玉环电厂海水淡化工程

华能玉环电厂位于浙江东南部。浙江东南部属于温带气候，海水年平均温度15 ℃。规划总装机 600 万 kW，现运行有 4 台 100 万 kW 超临界燃煤机组。华能玉环电厂海水利用方式有两种：一种是海水直接利用，另一种是海水淡化利用。

华能玉环电厂直接取原海水作为循环冷却水，经过凝汽器后的排水实际水温上升可达 9 ℃，基本满足反渗透工艺对水温的要求。按 1440 m^3/h 淡水制水量计算，若过滤装置回收率以 90% 计，第一级反渗透水回收率以 45% 计，第二级反渗透水回收率以 85% 计，则反渗透淡化工程的原海水取用量 4200 m^3/h。

电厂使用的全部淡水，包括工业冷却水、锅炉补给水、生活用水等均通过海水淡化制取。海水淡化系统采用双膜法，即"超滤＋反渗透"工艺，设计制水能力 1440 m^3/h，每天约产淡水 35000 m^3，每年节约淡水资源（900 ~ 1200）× 10^4 m^3，并可为当地居民用水提供后备用水。

华能玉环电厂海水淡化系统选用了浸没式超滤膜，其性能介于微滤和超滤之间。原海水经过反应沉淀后进入超滤装置处理，其产水再进入超滤产水箱，为后续反渗透脱盐系统待用。

常规的反渗透系统设计中一般需配置加热装置，维持 25 ℃的运行温度，以获得恒定的产水量。该厂取来源于经循环冷却水后已升温的海水，基本满足了反渗透工艺对水温的要求，冷却进水加热器，简化系统设备配置、节省投资，同时采用了可变频运行的高压泵，在冬季水温偏低时，可提高高压泵的出口压力，以弥补因水温而引起的产水量降低的缺陷。

超滤产水箱流出的清洁海水通过升压泵进入 5 m 保安过滤器。通过保安过滤器的原水经高压泵加压后进入第一级反渗透膜堆，该单元为一级一段排列方式，配 7 芯装压力容器，单元回收率 45%，脱盐率大于 99%。产水分成两路，一路直接进入工业用水分配系统。由于产水的 pH 值在 6.0 左右，故需在输送管路上对这部分水加碱，以维持合适的 pH 值，减少对工业水管道的腐蚀。另一路进入一级淡水箱，作为二级反渗透的进水。

一级淡化单元中采用了目前国际上先进的 PX 型能量回收装置，将反渗透浓水排放的压力作为动力以推动反渗透装置的进水。此时高压泵的设计流量仅为反渗透膜组件进水流量的 45%，而另 55% 的流量只需通过大流量、低扬程的增压泵来完成即可。能量回收效率达 95% 以上。经过能量回收之后排出的浓盐水排至浓水池，作为电解海水制取次氯酸钠系统的原料水，由于这部分浓水是被浓缩了 1.8 ~ 2 倍的海水，提高了电解海水装置的效率。电解产品次氯酸钠被进一步综合利用。

一级淡水箱出水通过高压泵直接进入第二级反渗透膜堆，之间设置管式过滤器以除去大颗粒杂质。该单元为一级二段排列方式，配6芯装压力容器，单元回收率85%，脱盐率大于97%。二级产水直接进入二级淡水箱，作为化学除盐系统预脱盐水、生活用水。浓水被收集后返回至超滤产水箱回用。

二、雨水利用技术

雨水利用作为一种古老的传统技术一直在缺水国家和地区广泛应用。随着城镇化进程的推进，造成地面硬化改变了原地面的水文特性，干预了自然的水温循环。这种干预致使城市降水蒸发、入渗量大大减少，降雨洪峰值增加，汇流时间缩短，进而加重了城市排水系统的负荷，土壤含水量减少，热岛效应及地下水位下降现象加剧。

通过合理的规划和设计，采取相应的工程措施开展雨水利用，既可缓解城市水资源的供需矛盾，又可减少城市雨洪的灾害。雨水利用是水资源综合利用中的一项新的系统工程，具有良好的节水效能和环境生态效应。[a]

（一）雨水利用的基本概念与意义

雨水利用是一种综合考虑雨水径流污染控制、城市防洪以及生态环境的改善等要求。建立包括屋面雨水集蓄系统、雨水截污与渗透系统、生态小区雨水利用系统等。将雨水用作喷洒路面、灌溉绿地、蓄水冲厕等城市杂用水的雨水收集利用技术是城市水资源可持续利用的重要措施之一。雨水利用实际上就是雨水入渗、收集回用、调蓄排放等的总称。主要包括三个方面的内容：入渗利用，增加土壤含水量，有时又称间接利用；收集后净化回用，替代自来水，有时又称直接利用；先蓄存后排放，单纯消减雨水高峰流量。

雨水利用的意义可表现在以下四个方面：

第一，节约水资源，缓解用水供需矛盾。将雨水用作中水水源、城市消防用水、浇洒地面和绿地、景观用水、生活杂用等方面，可有效节约城市水资源，缓解用水供需矛盾。

第二，提高排水系统可靠性。通过建立完整的雨水利用系统（即由调蓄水池、坑塘、湿地、绿色水道和下渗系统共同构成），有效削减雨水径流的高峰流量，提高已有排水管道的可靠性，防止城市洪涝，减少合流制管道雨季的溢流污

a 王向飞，时秀梅，孙旭.水资源规划及利用［M］.中国华侨出版社，2020.

水，改善水体环境，减少排水管道中途提升容量，提高其运行安全可靠性。

第三，改善水循环，减少污染。强化雨水入渗，增加土壤含水量，增加地下水补给量，维持地下水平衡，防止海水入侵，缓解由于城市过度开采地下水导致的地面沉降现象；减少雨水径流造成的污染物。雨水冲刷屋顶、路面等硬质铺装后，屋面和地面污染物通过径流带入水中，尤其是初期雨水污染比较严重。雨水利用工程通过低洼、湿地和绿化通道等沉淀和净化，再排到雨水管网或河流，起到拦截雨水径流和沉淀悬浮物的作用。

第四，具有经济和生态意义。雨水净化后可作为生活杂用水、工业用水，尤其是一些必须使用软化水的场合。雨水的利用不仅减少自来水的使用量，节约水费，还可以减少软化水的处理费用，雨水渗透还可以节省雨水管道投资；雨水的储留可以加大地面水体的蒸发量，创造湿润气候，减少干旱天气，利于植被生长，改善城市生态环境。

（二）雨水利用技术

雨水利用可以分为直接利用（回用）、雨水间接利用（渗透）及雨水综合利用等。直接利用技术是通过雨水收集、储存、净化处理后，将雨水转化为产品水供杂用或景观用水，替代清洁的自来水。雨水间接利用技术是用于渗透补充地下水。按规模和集中程度不同分为集中式和分散式，集中式又分为干式及湿式深井回灌，分散式又分为渗透检查井、渗透管（沟）、渗透池（塘）、渗透地面、低势绿地及雨水花园等。雨水综合利用技术是采用因地制宜的措施，将回用与渗透相结合，雨水利用与洪涝控制、污染控制相结合，雨水利用与景观、改善生态环境相结合等。

1. 雨水径流收集

（1）雨水收集系统分类及组成。雨水收集与传输是指利用人工或天然集雨面将降落在下垫面上的雨水汇集在一起，并通过管、渠等输水设施转移至存储或利用部位。根据雨水收集场地不同，分为屋面集水式和地面集水式两种。

屋面集水式雨水收集系统由屋顶集水场、集水槽、落水管、输水管、简易净化装置、储水池和取水设备组成。地面集水式雨水收集系统由地面集水场、汇水渠、简易净化装置、储水池和取水设备组成。

（2）雨水收集场。雨水收集场可分为屋面收集场和地面收集场。

屋面收集场设于屋顶，通常有平屋面和坡屋面两种形式。屋面雨水收集方式按雨落管的位置分为外排收集系统和内排收集系统。雨落管在建筑墙体外的称为外排收集系统，在外墙以内的称为内排收集系统。

地面集水场包括广场、道路、绿地、坡面等。地面雨水主要通过雨水收集口收集。街道、庭院、广场等地面上的雨水首先经雨水口通过连接管入排水管渠。雨水口的设置，应能保证迅速有效地收集地面雨水。雨水口及连接管的设计应参照《室外排水设计规范》（GB 50014—2006）（2014 年）执行。

2. 雨水入渗

雨水入渗是通过人工措施将雨水集中并渗入补给地下水的方法。其主要功能可以归纳为以下方面：补给地下水维持区域水资源平衡；滞留降雨洪峰有利于城市防洪；减少雨水地面径流时造成的水体污染；雨水储流后强化水的蒸发，改善气候条件，提高空气质量。

（1）雨水入渗方式和渗透设施。雨水入渗可采用绿地入渗、透水铺装地面入渗、浅沟入渗、洼地入渗、浅沟渗渠组合入渗、渗透管沟、入渗井、入渗池、渗透管 – 排放组合等方式。在选择雨水渗透设施时，应首先选择绿地、透水铺装地面、渗透管沟、入渗井等入渗方式。

（2）雨水渗透装置的设置。雨水渗透装置分为浅层土壤入渗和深层入渗。浅层土壤入渗的方法主要包括：地表直接入渗、地面蓄水入渗和利用透水铺装地板入渗等。雨水深层入渗是指城市雨水引入地下较深的土壤或砂、砾层入渗回补地下水。深层入渗可采用砂石坑入渗、大口井入渗、辐射井入渗及深井回灌等方式。

雨水入渗系统设置具有一定限制性，在下列场所不得采用雨水入渗系统：①易发生陡坡坍塌、滑坡灾害的危险场所；②对居住环境和自然环境造成危害的场所；③自重湿陷性黄土、膨胀土和高含盐土等特殊土壤地质场所。

3. 雨水储留设施

雨水利用或雨水作为再生水的补充水源时，需要设置储水设施进行水量调节。储水形式可分为城市集中储水和分散储水。

（1）城市集中储水。城市集中储水是指通过工程设施将城市雨水径流集中储存，以备处理后回用于城市杂用或消防用水等，具有节水和环保双重功效。

储留设施由截留坝和调节池组成。截留坝用于拦截雨水，受地理位置和自然条件限制，难以在城市大量使用。调节池具有调节水量和储水功能。德国从 20世纪 80 年代后期修建大量雨水调节池，用于调节、储存、处理和利用雨水，有效降低了雨水对城市污水厂的冲击负荷和对水体的污染。

（2）分散储水。分散储水指通过修建小型水库、塘坝、储水池、水窖、蓄水罐等工程设施将集流场收集的雨水储存，以备利用。其中水库、塘坝等储水设施易于蒸发下渗，储水效率较低。储水池、蓄水罐或水窖储水效率高，是常用的储水设施，如混凝土薄壳水窖储水保存率达 97%，储水成本为 0.41 元 /（$m^3 \cdot a$），使用寿命长。

雨水储水池一般设在室外地下，采用耐腐蚀、无污染、易清洁材料制作，储水池中应设置溢流系统，多余的雨水能够顺利排除。

储水池容积可以按照径流量曲线求得。径流曲线计算方法是绘制某设计重现期条件下不同降雨历时流入储水池的径流曲线，对曲线下面积求和，该值即为储水池的有效容积。在无资料情况下储水容积也可以按照经验值估算。

4. 雨水处理技术

雨水处理应根据水质情况、用途和水质标准确定，通常采用物理法、化学法等工艺组合。雨水处理可分为常规处理和深度处理。常规处理是指经济适用、应用广泛的处理工艺，主要有混凝、沉淀、过滤、消毒等净化技术；非常规处理则是指一些效果好但费用较高的处理工艺，如活性炭吸附、高级氧化、电渗析、膜技术等。

一般用于补充景观用水的雨水处理工艺流程，如图 2-8 所示。一般用于城市杂用的雨水处理工艺流程，如图 2-9 所示。

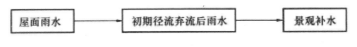

图2-8　补充景观用水的雨水处理工艺

图2-9　用于城市杂用水的雨水处理工艺

雨水水质好，杂质少，含盐量低，属高品质的再生水资源，雨水收集后经适当净化处理可以用于城市绿化、补充景观水体、城市浇洒道路、生活杂用水、工业用水、空调循环冷却水等多种用途。雨水处理装置的设计计算可参考《给水排水设计手册》。

（三）雨水利用实例

1. 常德市江北区水系生态治理穿紫河船码头段综合治理工程

该工程由德国汉诺威水协与鼎蓝水务公司设计实施。穿紫河是常德市内最重要的河流之一，流经整个市区，但是由于部分河段不加管理的排放污水及倾倒垃圾，导致水质恶劣，同时缺乏与其他河流的连通，没有干净的水源补充，导致生态状态恶劣，影响了市民的居住环境及其生活质量。

该工程设计中雨水处理系统介绍：使用雨水调蓄池和蓄水型生态滤池联合处理污染雨水，让调蓄池设计融入城市景观，减少排入穿紫河的被污染的雨水量。通过地面过滤系统净化被污染的雨水水体，在不溢流的情况下安全的疏导暴雨径流，旱季、雨季及暴雨期间在径流中进行固体物分离，建造封闭式和开放式调蓄池各一处，在穿紫河回水区建造一处蓄水型生态滤池，在非降雨的情况下，对径流进行机械处理（至少 300 L/s），即沉淀及采用格栅，同时或者自动送往污水处理厂。一般降雨情况下，对来水进行调蓄，通过生态滤池处理，然后再排到穿紫河，暴雨时，污水处理厂、调蓄池及蓄水型生态滤池均无法再接纳的来水直接排入穿紫河，通过 KOSIM 模拟程序对必要的调蓄池容积及水泵功率等进行计算。

2. 伦敦世纪圆顶的雨水收集利用系统

为了研究不同规模的水循环方案，英国泰晤士河水公司设计了 2000 年的展示建筑——世纪圆顶示范工程。该建筑设计了 500 m^3/d 的回用水工程，其中 100 m^3 为屋顶收集的雨水。

初期雨水以及溢流水直接通过地表水排放管道排入泰晤士河。收集储存的雨水利用芦苇床（高度耐盐性芦苇，其种植密度为 4 株 /m^2）进行处理。处理工艺包括过滤系统、两个芦苇床（每个表面积为 250 m^2）和一个塘（容积为 300 m^3）。雨水在芦苇床中通过物理、化学、生物及植物根系吸收等多种机理协同净化作用，达到回用水质的要求。此外，芦苇床也容易纳入圆顶的景观设计中，取得了建筑与环境的协调统一。

第三章 水文环境保护技术

第一节 水资源污染的特征分析

水资源污染是指排入天然水体的污染物，该物质在水体中的容量已经超过了水体的自净能力，水体中存在的微生物在过多的污染物面前显得能力有限，最终该物质在水体中的含量增加，这样的话，水体的物理特征和化学特征发生变化，水中固有的生态系统难以为继，最终会对人们的身体健康和社会经济发展带来不好的影响。为了确保人类生存的可持续发展，人们在利用水的同时，必须有效地防治水体的污染。

一、水体污染源

向水体排放污染物的场所、设备、装置和途径统称为水体的污染源。有很多因素能够导致水体污染，具体归纳为以下几个方面。

（1）工业污染源。工业污染源是向水体排放工业废水的工业场所、设备、装置或途径。在工业生产过程中要消耗大量的新鲜水，排放大量废水，其水量和性质随生产过程而异，通常分为工艺废水、设备冷却水、原料或成品洗涤水、生产设备和场地冲洗水等废水。废水中常含有生产原料、中间产物、产品和其他杂质等。废水会因其来源不同而使其性质存在很大差异。由于所用原辅材料、工艺路线、设备条件、操作管理水平的差异，即使是生产同一产品的同类型工厂，所排放的工业废水水量和水质差异也会非常明显。因此，工业废水具有污染面广、排放量大、成分复杂、毒性大、不易净化和难处理等特点。

（2）生活污染源。生活污染源主要是向水体排放生活污水的家庭、商业、机关、学校、服务业和其他城市公用设施。生活污水包括厨房洗涤水、洗衣机排水、沐浴、厕所冲洗水及其他排水等。生活污水中含有大量有机物质，含有氮、磷、硫等无机盐类，有多种微生物和病原体存在于其中。随着工业化的不断发展和人们生活水平的日益提高，生活污水的水量和污染物含量将相应增加，水质日趋复杂。

（3）其他污染源。借助于重力沉降或降水过程，随大气扩散的有毒物质会进入水体，其他污染物被雨水冲刷随地面径流而进入水体等，均会造成水体污染。

二、水体污染类型

水体污染类型较多，具体可以划分为以下几类。

（1）有机耗氧物质污染。生活污水和一部分工业废水，会有大量的有机污染物存在于其中，具体如碳水化合物、蛋白质、脂肪和木质素等。这些污染物往往会被称为有机耗氧污染物，因为存在于水体中的微生物，借助于水中的溶解氧，会将这些污染物生化分解。水体中的溶解氧，会因微生物在分化大量的耗氧有机物时而消耗掉，最终使水体中的大部分溶解氧因此而被消耗掉，从而在一定程度上影响到存在于水体中的鱼类和其他水生生物的正常生活。情况严重的话，还会导致鱼类的大量死亡，水体也会严重变质甚至发臭。[a]

（2）植物营养物质污染。生活污水和某些工业废水，往往会有大量的氮、磷等植物营养元素存在于其中，此类污水进入水体之后，藻类及其他浮游生物会因大量水体中植物营养物质的增多而异常地繁殖，这个过程就会消耗掉大量的溶解氧，还会释放出生物毒素，这就导致存在于水体的其他生物如鱼类、贝类会因此而死亡，而人体食用死亡的鱼贝，身体健康也会受到影响。

（3）石油污染。石油污染主要集中在海洋中。油船的事故泄漏、海底采油、油船压舱水以及陆上炼油厂和石油化工废水均有可能造成石油污染。石油污染会导致水体自净能力的下降，其具体影响过程为：进入海洋的石油在水面上形成一层油膜，从而使氧气在扩散到水体的过程受到影响，海洋生物的正常生长会因缺氧而受到不良影响，最终影响到水体的自净能力。石油污染会影响大鱼虾类，海产品的食用价值也会因此而大打折扣。石油污染造成的不良影响还很多，在此不再一一介绍。

（4）酸、碱、盐污染。生活污水、工矿废水、化工废水、废渣和海水倒灌等都能产生酸、碱、盐的污染，使水体含盐量增加，水质因此受到影响。

a 彭文英，单吉堃，符素华，刘正恩.资源环境保护与可持续发展［M］.北京：中国人民大学出版社，2015.

（5）有毒化学物质污染。主要是重金属、氰化物和难降解的有机污染物，矿山、冶炼废水等是其主要来源。有毒污染物的种类已达数百种之多，其中包括重金属无机毒物如 Hg、Cd、Cr、Pb、Ni、Co、Ba 等；人工合成高分子有机化合物如多氯联苯、芳香胺等。它们都不易消除，富集在生物体中，通过食物链，危害人类健康。

（6）热污染。工矿企业、发电厂等向水体排放高温废水，水体温度会因此而增高，影响水生生物的生存和水资源的利用。温度增高，使水体中氧的溶解减少，耗氧反应的速度就会在无形之中加快，最终导致水体缺氧和水质恶化。

（7）病原体污染。通常情况下，会有如病毒、病菌和病原虫等大量的病原体存在于生活污水、医院污水、肉类加工厂、畜禽养殖场、生物制品厂污水等中。若该类污水不经任何技术手段进行处理和消毒就流入水体的话，这些病原体就会借助于食物链进入人体中，危害到人体健康，引起痢疾、伤寒、传染性肝炎及血吸虫病等。

（8）放射性污染。铀矿开采、选矿、冶炼、核电站及核试验以及放射性同位素的应用等是水中放射性污染的主要来源。鉴于放射性物质污染持续的时间长且对人体危害程度严重，故其是人类所面临的重大潜在威胁之一。

三、污染物在水体中的扩散

（一）污染物在水体中的运动特性

污染物进入水体之后，随着水的迁移运动、污染物的分散运动以及污染物质的衰减转化运动，使污染物在水体中得到稀释和扩散，从而降低了污染物在水体中的浓度，它起着一种重要的"自净作用"。根据自然界水体运动的不同特点，可形成不同形式的扩散类型，如河流、河口、湖泊以及海湾中的污染物扩散类型。这里重点介绍河流中污染物扩散。

1. 推流迁移

推流迁移是指污染物在水流作用下产生的迁移作用。推流作用只改变水流中污染物的位置，并不能降低污染物的浓度。

在推流的作用下污染物迁移通量的计算公式为：

$$f_x = u_x c$$
$$f_y = u_y c \qquad\qquad (3-1)$$
$$f_z = u_z c$$

式中，f_x、f_y、f_z分别表示x、y、z方向上的污染物推流迁移通量；u_x、u_y、u_z分别表示在x、y、z方向上的水流速度分量；c为污染物在河流水体中的浓度。

2. 扩散运动

污染物在水体中的扩散运动包括分子扩散、湍流扩散和弥散。分子扩散是由分子的随机运动引起的质点扩散现象，是各向同性的。湍流扩散是水体湍流场中质点的各种状态的瞬时值相对于其平均值的随机脉动而导致的扩散现象，湍流扩散系数是各向异性的。弥散运动是由于横断面上实际的流速不均匀引起的，由空间各点湍流流速的时均值与流速时均值的系统差别所产生的扩散现象。在用断面平均流速描述实际运动时，必须考虑一个附加的、由流速不均匀引起的弥散作用。

（二）河流水体中污染物扩散的稳态解

1. 一维模型

假定只在x方向存在污染物的浓度梯度，则稳态一维模型为：

$$D_x \frac{\partial^2 c}{\partial x^2} - u_x \frac{\partial c}{\partial x} - Kc = 0 \tag{3-2}$$

这是二阶线性偏微分方程，其特征方程为：

$$D_x \lambda^2 - u_x \lambda - K = 0$$

由此可以求出特征根为：

$$\lambda_{1,2} = \frac{u_x}{2D_x}(1 \pm m)$$

式中，

$$m = \sqrt{1 + \frac{4KD_x}{u_x}}$$

对于保守或衰减的污染物，λ不应取正值，若给定初始条件为：$x = 0$时，$c = c_0$。上式的解为：

$$c = c_0 \exp\left[\frac{u_x x}{2D_x}\left(1 - \sqrt{1 + \frac{4KD_x}{u_x}}\right)\right]$$

对于一般条件下的河流，推流形成的污染物迁移作用要比弥散作用大得多，在稳态条件下，弥散作用可以忽略，则有：

$$c = c_0 \exp\left(-\frac{K_x}{u_x}\right)$$

$$c_0 = \frac{Qc_1 + qc_2}{Q + q}$$

式中，Q 为河流的流量；c_1 为河流中污染物的本底浓度；q 为排入河流的污水的浓度；c_2 为污水中某污染物浓度；c 为污染物的浓度，它是时间 £ 和空间位置 z 的函数；u_x 为断面平均流速；K_x 为污染物的衰减速度常数。

2.　二维模型

如果一个坐标方向上的浓度梯度可以忽略，假定 $\frac{\partial c}{\partial z} = 0$，则有：

$$D_x \frac{\partial^2 c}{\partial x^2} + D_y \frac{\partial^2 c}{\partial y^2} + D_z \frac{\partial^2 c}{\partial z^2} - Kc = 0 \tag{3-3}$$

在均匀流场中可以得到解析解

$$c(x, y) = \frac{Q}{4\pi h (x/u_x)^2 \sqrt{D_x D_y}} \exp\left[-\frac{\left(y - u_y x/u_x\right)^2}{4D_y x/u_x}\right] \exp\left(-\frac{K_x}{u_x}\right)$$

式中，Q 为单位时间内排放的污染物量，即源强；其余符号同前。

如果忽略 D_x 和 u_x，则解为：

$$c(x, y) = \frac{Q}{u_x h \sqrt{4\pi D_y x/u_x}} \exp\left(-\frac{u_x y^2}{4D_y x}\right) \exp\left(-\frac{K_x}{u_x}\right)$$

在河流有边界的情况下，河水中污染物的扩散会受到岸边的反射，这时的反射就会成为连锁式的。如果污染源处在岸边，河宽为 B 时，同样可以通过假设对应的虚源来模拟边界的反射作用，则：

$$c(x, y) = \frac{Q}{u_x h \sqrt{4\pi D_y x/u_x}} \left[\exp\left(-\frac{u\ y^2}{4\ _y x}\right) + \sum_{n=1}^{\infty} \exp\left(-\frac{u_x (2nB - y)^2}{4D_y x}\right) + \right.$$

$$\left. \sum_{n=1}^{\infty} \exp\left(-\frac{u_x (2nB + y)^2}{4D_y x}\right)\right] \exp\left(-\frac{K_x}{u_x}\right)$$

（三）河流水质模型

水质模型是一个用于描述污染物质在水环境中的混合、迁移过程的数学方程或方程组。

1. 生物化学分解

河流中的有机物由于生物降解所产生的浓度变化可以用一级反应式表达：

$$L = L_0 e^{-Kt} \tag{3-4}$$

式中，L 为 t 时刻有机物的剩余生物化学需氧量；L_0 为初始时刻有机物的总生物化学需氧量；K 为有机物降解速度常数。

K 的数值是温度的函数，它和温度之间的关系可以表示为：

$$\frac{K_T}{K_{T_1}} = \theta^{T-T_1}$$

若取 $T_1 = 20\ ℃$，以 K_{20} 为基准，则任意温度 T 的 K 值为：

$$K_T = K_{20} \theta^{T-20}$$

式中，θ 称为 K 的温度系数，θ 的数值在 1.047 左右（$T = 10℃ \sim 35℃$）。

在试验室中通过测定生化需氧量和时间的关系，可以估算 K 值。

河流中的生化需氧量（BOD）衰减速度常数 K 的值可以由下式确定：

$$K_t = \frac{1}{t} \ln \left(\frac{L_A}{L_B} \right)$$

式中，L_A、L_B 为河流上游断面 A 和下游断面 B 的 BOD 浓度；t 为 A、B 断面间的流行时间。

如果有机物在河流中的变化符合一级反应规律，在河流流态稳定时，河流中的 BOD 的变化规律可以表示为：

$$L = L_0 \left[\exp \left(K_r \frac{x}{u_x} \right) \right]$$

式中，L 为河流中任意断面处的有机物剩余 BOD 量；L_0 为河流中起始断面处的有机物 BOD 量；x 为自起始断面（排放点）的下游距离。

2. 大气复氧

水中溶解氧的主要来源是大气。氧由大气进入水中的质量传递速度可以表示为：

$$\frac{dc}{dt} = \frac{K_L A}{V} (c_s - c) \tag{3-5}$$

式中，c 为河流中溶解氧的浓度；c_s 为河流中饱和溶解氧的浓度；K_L 为质量传递系数；A 为气体扩散的表面积；V 为水的体积。

对于河流，$1/V = 1/H$，H 是平均水深，$c_s - c$ 表示河水中的溶解氧不足量，称为氧亏，用 D 表示，则上式可写作：

$$\frac{\mathrm{d}D}{\mathrm{d}t} = -\frac{K_L}{H}D = -K_a D$$

式中，K_a 为大气复氧速度常数。

K_a 是河流流态及温度等的函数。如果以 20℃作为基准，则任意温度时的大气复氧速度的常数可以写为：

$$K_{a\cdot r} = K_{a\cdot 20}\theta_r^{T-20}$$

式中，$K_{a\cdot 20}$ 为 20 ℃条件下的大气复氧速度常数；θ_r 为大气复氧速度常数的温度系数，通常 $\theta_r \approx 1.024$。

饱和溶解氧浓度 c_s 是温度、盐度和大气压力的函数，在 101.32 kPa 压力下，淡水中的饱和溶解氧浓度可以用下式计算：

$$c_s = \frac{468}{31.6 + T}$$

式中，c_s 为饱和溶解氧浓度，mg/L；T 为温度，℃。

3. 简单河段水质模型

描述河流水质的第一个模型是 S–P 模型。S–P 模型描述一维稳态河流中的 BOD–DO 的变化规律。

S–P 模型是关于 BOD 和 DO 的耦合模型，可以写作：

$$\frac{\mathrm{d}L}{\mathrm{d}t} = -K_d L$$

$$\frac{\mathrm{d}D}{\mathrm{d}t} = K_d L - K_a L \tag{3-6}$$

式中，L 为河水中 BOD 值；D 为河水中的氧亏值；K_d 为河水中 BOD 衰减（耗氧）速度常数；K_a 为河水中复氧速度常数；t 为河段内河水的流行时间。

上式的解析式为：

$$L = L_0 \mathrm{e}^{-K_a t}$$

$$D = \frac{K_d L_0}{K_a - K_d}\left(\mathrm{e}^{-K_d t} - \mathrm{e}^{-K_a t}\right) + D_0 \mathrm{e}^{-K_a t}$$

式中，L_0 为河流起始点的 BOD 值；D_0 为河水中起始点的氧亏值。

上式表示河流水中的氧亏变化规律。如果以河流的溶解氧来表示，则为：

$$O = O_s - D = O_s - \frac{K_d L_0}{K_a - K_d}\left(e^{-K_d t} - e^{-K_a t}\right) - D_0 e^{-K_a t}$$

式中，O 为河水中的溶解氧值；O_s 为饱和溶解氧值。

上式称为 S–P 氧垂公式，根据上式绘制的溶解氧沿程变化曲线称为氧垂曲线（图 3–1）。

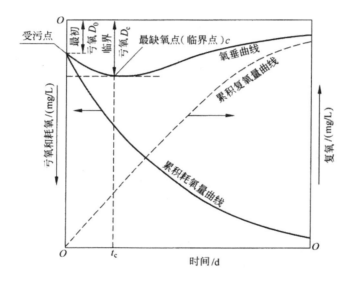

图 3–1　氧垂曲线

在很多情况下，人们希望能找到溶解氧浓度最低的点——临界点。在临界点河水的氧亏值很大，且变化速度为零，则由此得：

$$D_c = \frac{K_d}{K_a} L_0 e^{-K_d t_c}$$

式中，D_c 为临界点的氧亏值；t_c 为由起始点到达临界点的流行时间。

临界氧亏发生的时间 t_c 可以由下式计算：

$$t_c = \frac{1}{K_a - K_d} \ln \frac{K_d}{K_a}\left[1 - \frac{D_0\left(K_a - K_d\right)}{L_0 K_d}\right]$$

S–P 模型广泛地应用于河流水质的模拟预测中，也用于计算允许的最大排污量。

四、污染物在水体中的化学转化

总的来看，污染物进入水体后的转化可分为三种情况：①有机物在水中经微生物的转化作用可逐步降解为无机物，从而消耗水中溶解氧。②难降解的人工合成的有机物形成特殊污染。③重金属污染物发生形态或状态的迁移转化。

（一）水体中耗氧有机物降解

有机物在水体中的降解是通过化学氧化、光化学氧化和生物化学氧化来实现的。其中，生物化学氧化具有重要意义，下面主要介绍有机物的生物化学分解。

1. 有机物生物化学分解

进入水体的天然有机化合物，如碳水化合物（糖类）、纤维素、脂肪、蛋白质等，一般较易通过生化降解，其降解通过两大基本反应来完成。

（1）水解反应。水体中耗氧有机物的水解反应主要指复杂的有机物分子遇水后，在水解酶参与作用下，分解为简单的化合物的反应。其中一些反应可发生在细菌体外，如蔗糖本身包含葡萄糖和果糖两部分，水解后分为葡萄糖与果糖两个分子。

蔗糖($C_{12}H_{22}O_{11}$)　　　葡萄糖($C_5H_{11}O_5CHO$)　果糖($C_5H_{12}O_6CO$)

另一类水解反应可在微生物细胞内进行，如化合物的碳链双键在加水后转化成单键，反应式为：

（2）氧化反应。生物氧化作用主要有脱氢作用与脱羧作用两类。

①脱氢作用。脱氢作用有两种类型，一种是从—CHOH—基团脱氢，如乳酸形成丙酮酸的反应，反应式为：

$$CH_3CHOHCOO \Longrightarrow CH_3COCOO + 2H^+ + 2e$$
$$\text{乳酸} \qquad\qquad \text{丙酮酸}$$

另一种是从—CH_2CH_2—基团脱氢，如由琥珀酸脱氢形成延胡索酸的反应，反应式为：

$$COOCH_2CH_2COO \Longrightarrow COOCH = CHCOO + 2H^+ + 2e$$

②脱羧作用。脱羧作用是生物氧化中产生 CO_2 的主要过程，其反应式为：

$$RCOCOOH \longrightarrow RCOH + CO_2$$

2. 代表性耗氧有机物的生物降解

（1）碳水化合物的生化降解。碳水化合物也叫糖，是自然界存在的最多的一类有机化合物，是一切生命体维持生命活动所需能量的主要来源。糖也是由碳、氢、氧组成的不含氮的有机物，通式为 $C_n(H_2O)_m$，根据分子构造的特点它通常可分为单糖、二糖和多糖。

碳水化合物的生化降解首先是微生物在细胞膜外通过水解使其从多糖转化为二糖，其反应式为：

$$(C_6H_{10}O_5)_n + H_2O \longrightarrow \frac{n}{2} C_{12}H_{22}O_{11}$$

$$C_{12}H_{22}O_{11} + H_2O \longrightarrow 2C_6H_{12}O_6$$

进一步的变化：

$$C_6H_{12}O_6 \xrightarrow[\text{酶}]{\text{细菌}} 2CH_3\overset{\overset{O}{\|}}{C}COOH + 4H$$

此过程统称为糖解过程。

$$2CH_3\overset{\overset{O}{\|}}{C}COOH + 4H + 6O_2 \xrightarrow[\text{酶}]{\text{细菌}} 6CO_2 + 6H_2O$$

（2）含氮有机物的降解。含氮有机物是指除碳、氢、氧外，还含有氮、硫、磷等元素的有机化合物。一般来说，含氮有机物的生物降解难于不含氮有机物，其产物污染性强。

蛋白质是由多种氨基酸分子组成的复杂有机物，含有羧基（—COOH）和氨基（—NH_2），由肽键（R—CONH—R'）连接起来。它的降解首先包括肽键的断开和羧基、氨基的脱除，然后是逐步的氧化。蛋白质分子量很大，不能直接进入细胞，所以细菌利用蛋白质的第一步，也是先在细胞体外发生水解，由细菌分泌的水解酶起催化作用，蛋白质在水解中断开肽键，分解成具较小分子量的各部分，其反应通式为：

$$H_2N-\underset{\underset{R}{|}}{\overset{\overset{H}{|}}{C}}-\underset{}{\overset{\overset{O}{|}}{C}}-\underset{\underset{H}{|}}{\overset{\overset{H}{|}}{N}}-\underset{}{\overset{\overset{R}{|}}{C}}-COOH + H_2O \xrightarrow{\text{蛋白质水解酶}} H_2N-\underset{\underset{R}{|}}{\overset{\overset{H}{|}}{C}}-\underset{OH}{\overset{\overset{O}{|}}{C}} + \underset{\underset{H}{|}}{\overset{\overset{H}{|}}{N}}-\underset{}{\overset{\overset{R}{|}}{C}}-COOH$$

$$\qquad\qquad\text{肽键}\qquad\qquad\qquad\qquad\qquad\qquad\qquad\qquad\text{氨基酸}\qquad\quad\text{氨基酸}$$

　　蛋白质水解到达二肽阶段可以进入细胞膜内。氨基酸在细胞内的进一步分解可在有氧或无氧条件下进行。其反应形式有多种，主要是通过氧化还原反应脱除氨基。

　　氨基酸在有氧条件下脱氨生成含有不少于一个碳原子的饱和酸，反应式为：

$$CH_3\underset{\underset{NH_2}{|}}{CH}COOH + O \longrightarrow CH_3COCOOH + NH_3$$

$$\qquad\text{丙氨酸}\qquad\qquad\qquad\text{丙酮酸}$$

　　有氧脱氨、脱碳反应式为：

$$CH_3\underset{\underset{NH_2}{|}}{CH}COOH + O_2 \longrightarrow CH_3COOH + CO_2 + NH_3$$

　　水解脱氨反应式为：

$$CH_3\underset{\underset{NH_2}{|}}{CH}COOH + H_2O \longrightarrow CH_3\underset{\underset{OH}{|}}{CH}COOH + NH_3$$

$$\qquad\qquad\qquad\qquad\qquad\qquad\qquad\text{乳酸}$$

　　无氧时，加氢还原脱氨反应式为：

$$CH_3\underset{\underset{NH_2}{|}}{CH}COOH + 2H \longrightarrow CH_3CH_2COOH + NH_3$$

$$\qquad\qquad\qquad\qquad\qquad\text{丙酸}$$

　　氨基酸分解生成的有机酸，同碳水化合物一样，在有氧条件下可经过三羧酸循环，完全氧化为 CO_2 和 H_2O，在无氧条件下就要发生发酵过程。脱氨基的结果生成 NH_3，这种过程称为蛋白质的氨化作用。NH_3 在水中水解生成氢氧化铵，会提高水的 pH 值，在促成甲烷发酵中起作用。在有氧条件下，NH_3 进一步发生硝化作用。

　　蛋白质中含硫的氨基酸主要是胱氨酸以及蛋氨酸，它们的分解会生成硫化氢。例如，在有氧条件下反应式为：

$$HOOC-\underset{\underset{NH_2}{|}}{CH}CH_2SH + O_2 \longrightarrow NH_3 + H_2S + \text{其他产物}$$

$$\qquad\text{半胱氨酸}$$

在无氧条件下反应式为：

$$\underset{\underset{NH_2}{|}}{HOOC-CHCH_2SH} + 2H_2O \longrightarrow CH_3COOH + HCOOH + NH_3 + H_2S$$

硫化氢在有氧条件下可以继续氧化，与水中重金属反应生成黑色硫化物。

尿素这种含氮化合物并不是细菌分解蛋白质的产物，而是人和动物的排泄物。它在尿素细菌作用下，在有氧条件下氨化，这也是污染水中氨的来源之一。其反应公式为：

$$O = C \underset{NH_2}{\overset{NH_2}{\diagup}} + 2H_2O \longrightarrow (NH_4)_2CO_3$$

$$(NH_4)_2CO_3 \longrightarrow 2NH_3 + CO_2 + H_2O$$

硝化和硫化：含氮有机物的降解产物，如 NH_3 和 H_2S 都会造成水污染，如果在有氧条件下，可以由细菌作用继续发生硝化和硫化过程。

硝化细菌是一类无机营养型细菌，即自由菌，也可以把 NH_3 分解为 NO_2^- 和 NO_3^-。硝化过程也是不断脱氢氧化过程。例如，第一阶段，先转化为亚硝酸，公式为：

$$NH_3 \xrightarrow{+H_2O} NH_4OH \xrightarrow{-2H} NH_2OH \xrightarrow{-2H} HNO \xrightarrow{+H_2O} NH(OH)_2 \xrightarrow{-2H} HNO_2$$

总反应为：

$$2NH_3 + 3O_2 \longrightarrow 2HNO_2 + 2H_2O + 6 \times 10^5 J$$

第二阶段再转化为硝酸，公式为：

$$HO-N=O \xrightarrow{+H_2O} HO-N=(OH)_2 \xrightarrow{-2H} HO-\overset{\overset{O}{\|}}{N}-O$$

总反应为：

$$2HNO_2 + O_2 \longrightarrow 2HNO_3 + 2 \times 10^5 J$$

在缺氧的水体中，硝化过程不能进行，反而可以进行反硝化过程，使硝酸盐又还原成为 NH_3，其反应式为：

$$2HNO_3 \xrightarrow[-2H_2O]{+4H} 2HNO_2 \xrightarrow[-2H_2O]{+4H} (NOH)_2 \xrightarrow{-H_2O} N_2O \xrightarrow[-H_2O]{+2H} N_2$$

有机氮在水体中的逐级转化过程一般要持续若干日，才能转化为硝酸态氮。从需氧污染物在水体中的转化过程来看，有机氮—NH_3—N—NO_2—N—NO_3，可作为耗氧有机物自净过程的判断标志。

硫化细菌和硫黄细菌也是自养菌，可以把硫化氢氧化为硫及硫酸盐，反应式为：

$$2H_2S + O_2 \longrightarrow 2H_2O + 2S + 能量$$

$$2S + 3O_2 + 2H_2O \longrightarrow 2H_2SO_4 + 能量$$

（3）甲烷发酵。碳水化合物、脂肪和蛋白质在降解后期都生成低级有机酸类物质，在无氧条件下进行酸性发酵，这时最终产物未能完全氧化而停留在酸、醇、酮等化合物状态，如果 pH 值降低甚多，可能使细菌中断生命活动而使生物降解无法继续进行。但是，如果条件适宜，就可以发生另一种发酵过程，使有机物继续进行无氧条件下的氧化，最终产物为甲烷，称为甲烷发酵。

甲烷发酵是在专门的产甲烷菌参与下进行的，其反应式为：

$$2CH_3CH_2OH + CO_2 \longrightarrow 2CH_3COOH + CH_4$$

$$2CH_3(CH_2)_2COOH + CO_2 + 2H_2O \longrightarrow 4CH_3COOH + CH_4$$

$$CH_3COOH \longrightarrow CO_2 + CH_4$$

这些反应的实质，是以 CO 作为受氢体的无氧氧化过程，可表示为：

$$8H + CO_2 \longrightarrow 2H_2O + CH_4$$

甲烷在有氧条件下可发生氧化降解，直到完全生成 CO_2 或 H_2O 为止。

（二）水体富营养化过程

1. 水体富营养化的类型及危害

"营养化"是一种氮、磷等植物营养物含量过多所引起的水质污染现象，根据成因差异可分为天然富营养化与人为富营养化两种类型。

水体出现富营养化时，危害是多方面的：①破坏水产资源。藻类繁殖过快，占空间，使鱼类活动受限。溶解氧降低，使鱼类难以生存。②造成藻类种类减少。③危害水源。硝酸盐和亚硝酸盐对人、畜都有害。亚硝酸盐将血红蛋白的二价铁氧化为三价铁，使血红蛋白成为高铁血红蛋白，丧失输氧能力，造成机体缺氧。④加快湖泊老化的进程。

2. 氮、磷污染与水体富营养化

水体富营养化过程主要是水体中自养型生物（浮游植物）在水中形成优势的过程，因此，影响生物生长的营养成分就成为这些生物的限制因素。因为自养

型生物通过进行光合作用，以太阳光能和无机物合成自身的原生质，所以，藻类（自养型生物）繁殖的程度取决于水体中某些成分的含量。

斯塔姆（Stumm）用化学计量关系式表征了淡水水体中藻类新陈代谢的过程。即光合生产 P（有机物生产速度，自养型生物生长速度）与异养呼吸 R（有机物分解速度，异养生物生长速度）应为静止状态，$P \approx R$，关系式为：

$$106CO_2 + 16NO_3^- + HPO_4^{2-} + 122H_2O + 9H_2 + （痕量元素和能量）$$

$$P \Vert R$$

$$\{C_{106}H_{263}O_{110}N_{16}P_1\} + 138O_2$$

研究表明水体富营养化与氮、磷的富集有关，水体中氮、磷浓度的比值与藻类增殖有密切的关系。日本学者提出，湖水总氮和总磷浓度的比值在 10：1 ～ 25：1 的范围内时有直线关系。其中，比值为 12：1 ～ 13：1 时，最适宜于藻类的繁殖。我国学者提出湖水中氮与磷的比值范围在各湖泊中有所不同：武汉东湖为 11.8：1 ～ 15.5：1，杭州西湖为 72：1，长春南湖为 20.4：1，云南滇池为 15.1：1。

第二节　水文环境保护的任务与措施

一、水环境保护的任务和内容

水环境保护工作是一个复杂、庞大的系统的工程，其主要任务与内容有：

（1）水环境的监测、调查与试验，以获得水环境分析计算和研究的基础资料；

（2）对排入研究水体的污染源的排污情况进行预测，称污染负荷预测，包括对未来水平年的工业废水、生活污水、流域径流污染负荷的预测；

（3）建立水环境模拟预测数学模型，根据预测的污染负荷，预测不同水平年研究水体可能产生的污染时空变化情况；

（4）水环境质量评价，以全面认识环境污染的历史变化、现状和未来的情况，了解水环境质量的优劣，为环境保护规划与管理提供依据；

（5）进行水环境保护规划，根据最优化原理与方法，提出满足水环境保护目标要求的水污染负荷防治最佳方案；

（6）环境保护的最优化管理，运用现有的各种措施，最大限度地减少污染。

二、水环境保护措施

随着经济社会的迅速发展，人口的不断增长和生活水平的大大提高，人类对水环境所造成的污染日趋严重，正在严重地威胁着人类的生存和可持续发展，为解决这一问题，必须做好水环境的保护工作。水环境保护是一项十分重要、迫切和复杂的工作。[a]

（一）水环境保护的经济措施

采取经济手段进行强制性调控是保护水环境的重要手段。目前，我国在水环境保护方面主要的经济手段是征收污水排污费、污染许可证可交易。

1. 工程水费征收

中华人民共和国成立后，为支援农业，基本上实行无偿供水。这样使得用户认为水不值钱，没有节水观念和措施；大批已建成的水利工程缺乏必要的运行管理和维修费用；国家财政负担过重，影响着水利事业的进一步发展。水费改革工程在水利电力部的指导下迅速开展起来，1965 年水利电力部制定并经由国务院批准颁布了《水利工程水费征收使用和管理试行办法》，1985 年国务院颁布了《水利工程收费核定、计收和管理办法》，这是在系统总结各地水费制度的经验基础上制定的，从而改变了过去人们对水是取之不尽和不值钱的传统观念。从 1988 年到现在，在水费计收方面，各省（区、市）相继都颁布了计收办法和标准，国务院水资源费征收办法也正在制定中。2002 年我国颁布的《水法》对征收水费和征收水资源费做出了规定。

2. 征收水资源费

1988 年的《水法》规定：使用供水工程供应的水，应当按照规定向供水单位交纳水费，对城市中直接从地下取水的单位征收水资源费；其他直接从地下或江河、湖泊取水的单位和个人，由省、自治区、直辖市人民政府决定征收水资源费。这项费用按照取之于水和用之于水的原则，纳入地方财政，作为开发利用水资源和水管理的专项资金。我国在 20 世纪 80 年代初期，开始对工矿企业的自备水资源征收水资源费。但仅收取水费和水资源费还是不够的，收取水资源费只限定于直接取用江河、湖泊和地下水，用途也不够全面。因此，2002 年修订的《水法》中规定，国家对水资源依法实行取水许可制度和有偿使用制度。2006 年 1 月 24 日国务院第 123 次常务会议通过了《取水许可和水资源费征收管理条例》，自 2006 年 4 月 15 日起施行。条例主要内容如下：规定取用水资源的单位和个人，

---

a　潘奎生，丁长春 . 水资源保护与管理［M］. 长春：吉林科学技术出版社，2019.

除本条例第四条规定的情形外，都应当申请领取取水许可证，并缴纳水资源费；由县级以上人民政府水行政主管部门、财政部门和价格主管部门负责水资源费的征收、管理和监督；任何单位和个人都有节约和保护水资源的义务。对节约和保护水资源有突出贡献的单位和个人，由县级以上人民政府给予表彰和奖励；对水资源费如何征收及水资源费的使用管理进行了规定。

目前，我国征收的水资源费主要用于加强水资源宏观管理，如水资源的勘测、监测、评价规划以及为合理利用、保护水资源而开展的科学研究和采取的具体措施。

3. 征收排污收费

（1）排污收费制度。排污收费制度是指国家以筹集治理污染资金为目的，按照污染物的种类、数量和浓度，依照法定的征收标准，对向环境排放污染物或者超过法定排放标准排放污染物的排污者征收费用的制度，其目的是促进排污单位对污染源进行治理，同时也是对有限环境容量的使用进行补偿。

排污费征收的依据：排污费的征收主要依据是《中华人民共和国环境保护法》《中华人民共和国水污染防治法》《排污费征收使用管理条例》《水污染防治法实施细则》《排污费征收标准管理办法》《排污费资金收缴使用管理办法》等法律、法规和规章。例如，《中华人民共和国环境保护法》规定"排放污染物超过国家或者地方规定的污染物排放标准的企事业单位，依照国家规定缴纳超标准排污费，并负责治理。水污染防治法另有规定的，依照水污染防治法的规定执行"；《中华人民共和国水污染防治法》规定"直接向水体排放污染物的企事业单位和个体工商户，应当按照排放水污染物的种类、数量和排污费征收标准缴纳排污费"；《排污费征收使用管理条例》规定"直接向环境排放污染物的单位和个体工商户，应当依照本条例的规定缴纳排污费"。

排污费征收的种类：污水排污费的征收对象是直接向水环境排放污染物单位和个体工商户。根据《中华人民共和国水污染防治法》的规定，向水体排放污染物的，按照排放污染物的种类、数量缴纳排污费；向水体排放污染物超过国家或者地方规定的排放标准的，按照排放污染物的种类、数量加倍缴纳排污费；根据《排污费征收使用管理条例》第二条的规定，排污者向城市污水集中处理设施排放污水、缴纳污水处理费用的，不再缴纳排污费。即污水排污费分为污水排污费和污水超标排污费两种。

（2）排污费征收工作程序。

①排污申报登记。向水体排放污染物的排污者，必须按照国家规定向所在地

环境保护部门申报登记所拥有的污染物排放设施，处理设施和正常作业条件下排放污染物的种类、数量、浓度、强度等与排污有关的各种情况，并填报《全国排放物污染物申报登记表》。

②排污申报登记审核。环境保护行政主管部门（环境监察机构）在收到排污者的《排污申报登记表》或《排污变更申报登记表》后，应依据排污者的实际排污情况，按照国家强制核定的污染物排放数据、监督性监测数据、物料衡算数据或其他有关数据对排污者填报的《排放污染物申报登记报表》或《排污变更申报登记表》项目和内容进行审核。经审核符合要求的应于当年 1 月 15 日前向排污者寄回一份经审核同意的《排污申报登记表》；不符合规定的责令补报，不补报的视为拒报。

③排污申报登记核定。环境监察机构根据审核合格的《排污申报登记表》，于每月或季末 10 日内，对排污者每月或每季的实际排污情况进行调查与核定。经核定符合要求的，应在每月或每季终了后 7 日内向排污者发出《排污核定通知书》。不符合要求的，要求排污者限期补报。

排污者对核定结果有异议的，应在接到《排污核定通知书》之日起 7 日内申请复核，环境监察机构应当自接到复核申请之日起 10 日做出复核决定，并将《排污核定复核决定通知书》送达排污者。

环境监察部门对拒报、谎报、漏报、拒不改正的排污者，可根据实际排污情况，依法直接确认其核定结果，并向排污者发出《排污核定通知书》，排污者对《排污核定通知书》或《排污核定复核通知书》有异议的，应先缴费，而后依法提起复议或诉讼。

④排污收费计算。环境监察机构应依据排污收费的法律依据、标准，依据核定后的实际排污事实、依据（排污核定通知书或排污核定复核通知书），根据国家规定的排污收费计算方法，计算确定排污者应缴纳的废水、废气、噪声、固废等收费因素的排污费。

⑤排污费征收与缴纳。排污费经计算确定后，环境监察机构应向排污者送达《排污费缴纳通知单》。

排污者应当自接到《排污费缴纳通知单》之日起 7 日内，向环保部门缴纳排污费。对排污收费行政行为不服的，应在复议或诉讼期间提起复议或诉讼，对复议决定不服的还可对复议决定提起诉讼。当裁定或判决维持原收费行为决定的，排污者应当在法定期限内履行，在法定期限内未自动履行的，原排污收费做出行政机关应申请人民法院强制执行；当裁定或制决撤销或部分撤销原排污收费行政行为的，环境监察机构依法重新核定并计征排污费。

排污者在收到《排污费缴纳通知书》7日内不提起复议或诉讼，又不履行的，环境监察机构可在排污者收到《排污费缴纳通知书》之日起7日后，责令排污者限期缴纳；经限期缴纳拒不履行的，环境监察机构应依法按不按规定缴纳排污费处以罚款，并从滞纳之日起（即第8天起）每天加收2‰滞纳金。

排污者对排污收费或处罚决定不服，在法定期限内未提起复议或诉讼，又不履行的，环境监察机构在诉讼期满后的180天内可直接申请法院强制执行。

（3）《排污费征收使用管理条例》。2002年1月30日国务院第54次常务会议通过了《排污费征收使用管理条例》，自2003年7月1日起施行，同时废止了1982年2月5日国务院发布的《征收排污费暂行办法》和1988年7月28日国务院发布的《污染源治理专项基金有偿使用暂行办法》。《排污费征收使用管理条例》同《征收排污费暂行办法》和《污染源治理专项基金有偿使用暂行办法》相比，有以下进步：

①扩大了征收排污费的对象和范围。在征收的对象上，原《征收排污费暂行办法》中的征收对象是单位排污者，对个体排污者不收费，而《排污费征收使用管理条例》将单位和个体排污者，统称为排污者，即只要向环境排污，无论是单位还是个人都要收费。随着城市的发展，生活垃圾、生活废水增长迅速，为了减轻排污压力，调动治污积极性，推动污水、垃圾处理产业化发展，《排污费征收使用管理条例》规定向城市污水集中处理设施排放污水，缴纳污水处理费的，不再缴纳排污费。排污者建成工业固体废弃物储存或处置设施、场所经改造符合环境保护标准的，自建成或者改造完成之日起，不再缴纳排污费。

在收费范围上，原《征收排污费暂行办法》主要针对超标排放收费，未超标排放不收费，而鉴于《水污染防治法》的规定，新制度中对向水体排放污染物的，规定了超标加倍收费。排污费已由单一的超标收费改为排污收费与超标收费共存。

②确立了排污费的"收支两条线"原则。排污者向指定的商业银行缴纳排污费，再由商业银行按规定的比例将收到的排污费分别解缴到中央国库和地方国库。排污费不再用于补助环境保护执法部门所需的行政经费，该项经费列入本部门预算，由本级财政予以保障。

③《排污费征收使用管理条例》规定了罚则，是对排污者未按规定缴纳排污费、以欺骗手段骗取批准减缴、免缴或者缓缴排污费以及环境保护专项资金使用者不按照批准的用途使用环境保护专项资金等违法行为进行处罚的依据，使收取

排污费以及排污费的专款专用有了保障。

《排污费征收使用管理条例》关于污水排水费的具体规定：对向水体排放污染物的，按照排放污染物的种类、数量计征污水排污费；超过国家或者地方规定的水污染物排放标准的，按照排放污染物的种类、数量和本办法规定的收费计征的收费额加一倍征收超标准排污费。对向城市污水集中处理设施排放污水、按规定缴纳污水处理费的，不再征收污水排污费。对城市污水集中处理设施接纳符合国家规定标准的污水，其处理后排放污水的有机污染物（化学需氧量、生化需氧量、总有机碳）、悬浮物和大肠杆菌群超过国家或地方排放标准的，按上述污染物的种类、数量和本办法规定的收费标准计征的收费额加一倍，向城市污水集中处理设施运营单位征收污水排污费，对氨氮、总磷暂不收费。对城市污水集中处理设施达到国家或地方排放标准排放的水，不征收污水排污费。

该条例的颁布实施，将为我国环保事业的发展提供有力的法律保障。通过排污收费这一经济杠杆，将鼓励排污者减少污染物的排放，促进污染治理，进而提高资源利用效率，保护和改善环境。

4. 污染许可证可交易

（1）排污许可制度。排污许可制度是指向环境排放污染物的企事业单位，必须首先向环境保护行政主管部门，申请领取排污许可证，经审查批准发证后，方可按照许可证上规定的条件排放污染物的环境法律制度。国家环保总局根据《中华人民共和国水污染防治法》和《中华人民共和国海洋环境保护法》，制定了《水污染物排放许可证管理暂行办法》，规定：排污单位必须在规定的时间内，持当地环境保护行政主管部门批准的排污申请登记表申请《排放许可证》。逾期未申报登记或谎报的，给予警告处分和处以 5000 元以下（含 5000 元）罚款。在拒报或谎报期间，追缴 1 ~ 2 倍的排污费。逾期未完成污染物削减量以及超出《排放许可证》规定的污染物排放量的，处以 1 万元以下（含 1 万元）罚款，并加倍收缴排污费。拒绝办理排污申报登记或拒领《排放许可证》的，处以 5 万元以下（含 5 万元）罚款，并加倍收缴排污费。被中止或吊销《排放许可证》的单位，在中止或吊销《排放许可证》期间仍排放污染物的，按无证排放处理。

但是，排污许可制度在经济效益上存在很多缺陷：许可排污量是根据区域环境目标可达性确定的，只有在偶然的情况下，才可出现许可排污水平正好位于最优产量上，通常是缺乏经济效益的；只有当所有排污者的边际控制成本相等时，总的污染控制成本才达到最小，即使对各企业所确定的许可排污量都位于最优排污水平，由于各企业控制成本不同，难以符合污染控制总成本最小的原则。由于排污许可证制是指令性控制手段，要有特定的实施机构，还必须从有关行业雇佣专业人员，同时，排污许可证制的实施还需要建立预防执法者与污染者相互勾结的配套机制，这些都导致了执行费用的增加。此外，排污许可证制是针对现有排污企业进行许可排污总量的确定，对将来新建、扩建、改建项目污染源的排污指标分配没有设立系统的调整机制，对污染源排污许可量的频繁调整不仅增加了工作量和行政费用，而且容易使企业对政策丧失信心。这些都可能导致排污许可证制度在达到环境目标上的低效率。

（2）污染许可证可交易。可交易的排污许可证制避免了以上污染控制制度的弊端。所谓可交易的排污许可证制，是对指令控制手段下的排污许可证制的市场化，即建立排污许可证的交易市场，允许污染源及非排污者在市场上自由买卖许可证。排污权交易制具有以下优点：一是只要规定了整个经济活动中允许的排污量，通过市场机制的作用，企业将根据各自的控制成本曲线，确定生产与污染的协调方式，社会总控制成本的调整将趋于最低。二是与排污收费制相比，排污交易权不需要事先确定收费率，也不需要对费用率做出调整。排污权的价格通过市场机制的自动调整，排除了因通货膨胀影响而降低调控机制有效性的可能，能够提供良好的持续激励作用。三是污染控制部门可以通过增发或收购排污权来控制排污权价格，与排污许可证制相比，可大幅度减少行政费用支出。同时非排污者可以参与市场发表意见，一些环保组织可以通过购买排污权达到降低污染物排放、提高环境质量的目的。总之，可交易的排污许可证制是总量控制配套管理制度的最优选择。

可交易排污许可证制是排污许可证制的附加制度，它以排污许可证制度为基础。随着计划经济体制向市场经济体制的过渡，建立许可证交易制的市场条件逐步成熟，新建、扩建企业对排污许可有迫切的要求，构成排污交易市场足够庞大的交易主体。因此，污染控制部门应当积极引导，尽快建成适应我国社会经济发展与环境保护需要的市场化的排污许可交易制，在我国社会经济可持续发展过程中实现经济环保效益的整体最优化。

20世纪90年代以后，中国一些地方也开始尝试应用污染许可证制度来解决污染问题。下面是一个上海的例子。位于黄浦江上游水源保护区的上海吉田拉链有限公司，因扩大生产规模，其污水污染物排放量超过排污许可证允许的指标。而上海中药三厂由于实施了污水治理设施改造，污水污染物排放量大大减少，致使该厂排污指标有剩余。于是，这两家厂在环保部门的见证审批下，签订了排污指标有偿转让协议：由吉田拉链公司出资60万元转让费，从中药三厂获得每天

680 t 污水和每天 40 kgCOD（化学需氧量）的排放指标。两厂的排污指标有偿转让后，吉田厂为实现扩大再生产赢得了时间，而上海中药三厂长期致力于环境投入在经济效益上取得了一定的回报。

（二）水环境保护的工程技术措施

水环境保护还需要一系列的工程技术措施，主要包括以下几类：

1. 加强水体污染的控制与治理

（1）地表水污染控制与治理。由于工业和生活污水的大量排放，以及农业面源污染和水土流失的影响，造成地面水体和地下水体污染，严重危害生态环境和人类健康。对于污染水体的控制和治理主要是减少污水的排放量。大多数国家和地区根据水源污染控制与治理的法律法规，通过制定减少营养物和工厂有毒物排放标准和目标，建立污水处理厂，改造给水、排水系统等基础设施建设，利用物理、化学和生物技术加强水质的净化处理，加大污水排放和水源水质监测的力度。对于量大面广的农业面源污染，通过制定合理的农业发展规划，有效的农业结构调整，有机和绿色农业的推广以及无污染小城镇的建设，对面源污染进行源头控制。

污染地表水体的治理另一个重要措施就是内源的治理。由于长期污染，在地表水体的底泥中存在着大量的营养物及有毒有害污染物质。在合适的环境和水文条件下不断缓慢地释放出来。在浓度梯度和水流的作用下，在水体中不断地扩散和迁移，造成水源水质的污染与恶化。目前，底泥的疏浚、水生生态系统的恢复、现代物化与生物技术的应用成为内源治理的重要措施。

（2）地下水污染控制与治理。近年来，随着经济社会的快速发展，工业及生活废水排放量的急剧增加，农业生产活动中农药、化肥的过量使用，城市生活垃圾和工业废渣的不合理处置，导致我国地下水环境遭受不同程度的污染。地下水作为重要的水资源，是人类社会主要的饮水来源和生活用水来源，对于保障日常生活和生态系统的需求具有重要作用。尤其对我国而言，地下水约占水资源总量的 1/3，地下水资源在我国总的水资源中占有举足轻重的地位。

关于地下水污染治理，国内做了不少基础工作，但在具体的地下水污染治理技术方面积累的不多。国外在这方面开展的研究较早，大约在 20 世纪初欧美就开始了相关的研究工作，到 20 世纪 70 年代，这些国家逐渐形成较为成熟的地下水污染治理技术。地下水污染治理技术主要有：物理处理法、水动力控制法、抽出处理法、原位处理法。

①物理处理法。物理法包括屏蔽法和被动收集法。屏蔽法是在地下建立各种

物理屏障，将受污染水体圈闭起来，以防止污染物进一步扩散蔓延。常用的灰浆帷幕法是用压力向地下灌注灰浆，在受污染水体周围形成一道帷幕，从而将受污染水体圈闭起来。其他的物理屏障法还有泥浆阻水墙、振动桩阻水墙、块状置换、膜和合成材料帷幕圈闭法等。适合在地下水污染初期用作一种临时性的控制方法。被动收集法是在地下水流的下游挖一条足够深的沟道，在沟内布置收集系统，将水面漂浮的污染物质收集起来，或将受污染地下水收集起来以便处理的一种方法。在处理轻质污染物（如油类等）时比较有效。

②水动力控制法。水动力控制法是利用井群系统通过抽水或向含水层注水，人为地区别地下水的水力梯度，从而将受污染水体与清洁水体分隔开来。根据井群系统布置方式的不同，水力控制法又可分为上游分水岭法和下游分水岭法。水动力法不能保证从地下环境中完全、永久地去除污染物，被用作一种临时性的控制方法，一般在地下水污染治理的初期用于防止污染物的蔓延。[a]

③抽出处理法。抽出处理法是最早使用、应用最广的经典方法，根据污染物类型和处理费用分为物理法、化学法和生物法三类。在受污染地下水的处理中，井群系统的建立是关键，井群系统要控制整个受污染水体的流动。处理地下水的去向主要有两个，一是直接使用，另一个则是多用于回灌。后者为主要去向，用于回灌多一些的原因是，回灌一方面可以稀释被污染水体，冲洗含水层；另一方面可以加速地下水的循环流动，从而缩短地下水的修复时间。此方法能去除有机污染物中的轻非水相液体，而对重非水相液体的治理效果甚微。此外，地下水系统的复杂性和污染物在地下的复杂行为常常干扰此方法的有效性。

④原位处理法。原位处理法是当前地下水污染治理研究的热点，该方法不单成本低，而且还可减少地标处理设施，减少污染物对地面的影响。该方法又可划分为物理化学处理法和生物处理法。物理化学处理法技术手段多样，包括通过井群系统向地下加入化学药剂，实现污染的降解。

对于较浅较薄的地下水污染，可以建设渗透性处理床，污染物在处理床上生成无害化产物或沉淀，进而除去，该方法在垃圾场渗液处理中得到了应用。生物处理法主要是人工强化原生菌的自身降解能力，实现污染物的有效降解，常用的手段包括添加氧、营养物质等。

地下水污染治理难度大，因此要注重污染的预防。对于遭受污染的水体，在污染初期要将污染水体圈闭起来，尽可能地控制污染面积，然后根据地下水文地

a 任树梅.水资源保护［M］.北京：中国水利水电出版社，2003.

质条件和污染物类型选择合适的处理技术，实现地下水污染的有效治理。

2. 节约用水、提高水资源的重复利用率

节约用水、提高水资源的重复利用率，可以减少废水排放量，减轻环境污染，有利于水环境的保护。

节约用水是我国的一项基本国策，节水工作近年来得到了长足的发展。据估计，工业用水的重复利用率全国平均在 40% ~ 50% 之间，冷却水循环率为 70% ~ 80%。节约用水、提高水资源的重复利用率可以从下面几个方面来进行。

（1）农业节水。农业节水可通过喷灌技术、微灌技术、渗灌技术、渠道防渗以及塑料管道节水技术等农艺技术来实现。

（2）工业节水。目前我国城市工业用水占城市用水量的比例为 60% ~ 65%，其中约 80% 由工业自备水源供应。因为工业用水量所占比例较大、供水比较集中，具有很大的节水潜力。工业可以从以下三个方面进行节水：①加强企业用水管理。通过开源节流，强化企业的用水管理。通过实行清洁生产战略，改变生产工艺或采用节水以至无水生产工艺，合理进行工业或生产布局，以减少工业生产对水的需求。③通过改变生产用水方式，提高水的循环利用率及回用率。提高水的重复利用率，通常可在生产工艺条件基本不变的情况下进行，是比较容易实施的，因而是工业节水的主要途径。

（3）城市节水。城市用水量主要包括综合生活用水、工业企业用水、浇洒道路和绿地用水、消防用水以及城市管网输送漏损水量等其他未预见用水。城市节水可以从以下五个方面进行：①提高全民节水意识。通过宣传教育，使全社会了解我国的水资源现状、我国的缺水状况，水的重要性，使全社会都有节水意识，人人行动起来参与到节水行动中，养成节约用水的好习惯。控制城市管网漏失，改善给水管材，加强漏算管理。③推广节水型器具。常用的节水型器具包括节水型阀门、节水型淋浴器、节水型卫生器具等，据统计，节水型器具设备的应用能够降低 32% 的城市居民用水量。④污水回用。污水回用不仅可以缓解水资源的紧张问题，又可减轻江河、湖泊等受纳水体的污染。目前处理后的污水主要回用于农业灌溉、工业生产、城市生活等方面。⑤建立多元化的水价体系。水价应随季节、丰枯年的变化而改变；水价应与用水量的大小相关，宜采用累进递增式水价；水价的制定应同行业相关。

3. 市政工程措施

（1）完善下水道系统工程，建设污水、雨水截流工程。减少污染物排放量，截断污染物向江、河、湖、库的排放是水污染控制和治理的根本性措施之一。我国老城市的下水道系统多为雨污合流制系统，既收集、输送污水，又收集、输送雨水，在雨季，受管道容量所限，仅有一部分的雨污混合水送入污水处理厂，而剩下的未经处理的雨污混合水直接排入附近水体，造成了水体污染。应采取污染源源头控制，改雨污合流制排水系统为分流制、加强雨水下渗与直接利用等措施。

（2）建设城市污水处理厂和天然净化系统。排入城市下水道系统的污水必须经过城市污水处理厂处理达标后才能排放。因此，城市污水处理厂规划和工艺流程设计是项十分重要的工作。应根据城市自然、地理、社会经济等具体条件，考虑当前及今后发展的需要，通过多种方案的综合比较分析确定。

许多国家从长期的水系治理中认识到普及城市下水道，大规模兴建城市污水处理厂，普遍采用二级以上的污水处理技术，是水环境保护的重要措施。例如：20世纪英国的泰晤士河、美国的芝加哥河都是随着大型污水处理厂的建立和使用水质得到改善；美国、加拿大两国五大湖也是由于在湖边建立了大量三级污水处理厂使湖水富营养化得到了有效的控制。

（3）城市污水的天然净化系统。城市污水天然净化系统利用生态工程学的原理及自然界微生物的作用，对废水、污水实现净化处理。在稳定塘、水生植物塘、水生动物塘、湿地、土地处理系统的组合系统中，菌藻及其他微生物、浮游动物、底栖动物、水生植物和农作物及水生动物等进行多层次、多功能的代谢过程，并伴随着物理的、化学的、生物化学的多种过程，使污水中的有机污染物、氮、磷等营养成分及其他污染物进行多级转换、利用和去除，从而实现废水的无害化、资源化与再利用。因此，天然净化符合生态学的基本原则，并具有投资少、运行维护费低、净化效率高等优点。

4. 水利工程措施

水利工程在水环境保护中具有十分重要的作用。包括引水、调水、蓄水、排水等各种措施的综合应用，可以调节水资源时空分布，改善水环境状况。因此，采用正确的水利工程措施来改善水质、保护水环境是十分必要的。

（1）调蓄水工程措施。通过江河湖库水系上修建的水利工程，改变天然水系的丰、枯水量不平衡状况，控制江河径流量，使河流在枯水期具有一定的水量以稀释净化污染物质，改善水资源质量。特别是水库的建设，可以明显改变天然河道枯水期径流量，改变水环境质量。

（2）进水工程措施。从汇水区来的水一般要经过若干沟、渠、支河而流入湖泊、水库，在其进入湖库之前可设置一些工程措施控制水量水质。

①设置前置库，对库内水进行渗滤或兴建小型水库调节沉淀，确保水质达到标准后才能汇入大、中型江、河、湖、库之中。

②兴建渗滤沟，此种方法适用于径流量波动小、流量小的情况，这种沟也适用于农村、禽畜养殖场等分散污染源的污水处理，属于土地处理系统。在土壤结构符合土地处理要求且有适当坡度时可考虑采用。

③设置渗滤池在渗滤池内铺设人工渗滤层。

（3）湖、库底泥疏浚。利用机械清除湖、库的污染底泥。它是解决内源磷污染释放的重要措施，能将营养物直接从水体中取出，但会产生污泥处置和利用的问题。可将挖出来的污泥进行浓缩，上清液经除磷后回送至湖、库中，污泥可直接施向农田，用作肥料，并改善土质。在底泥疏浚过程中必须把握好几个关键技术环节：①尽量减少泥沙搅动，并采取防扩散和泄漏的措施，避免悬浮状态的污染物对周围水体造成污染。②高定位精度和高开挖精度，彻底清除污染物，并尽量减少挖方量，在保证疏浚效果的前提下，降低工程成本。③避免输送过程中的泄漏对水体造成二次污染。④对疏浚的底泥进行安全处理，避免污染物对其他水系和环境产生污染。

5．生物工程措施

利用水生生物及水生态环境食物链系统达到去除水体中氮、磷和其他污染物质的目的。其最大的特点是投资省、效益好，有利于建立水生生态循环系统。

第三节　污水处理技术分析

一、污水处理技术基础

污水处理，实质上是采用各种手段和技术，将污水中的污染物质分离出来，或将其转化为无害的物质，污水也就因此而得以净化。

大量的有害物质和有用物质存在于污水中。如果不加以处理而排放，不仅是一种浪费，且会造成社会公害。

（一）污水处理方法

现代污水处理技术，按照其技术实现原理可以分为物理处理法、化学处理法、生物化学处理法和物理化学处理法四类。

（1）物理处理法。利用物理作用分离污水中呈悬浮状态的固体污染物质。方法有：筛滤法、沉淀法、气浮法、上浮法、过滤法和反渗透法等。

（2）化学处理法。利用化学反应的作用，分离回收污水中处于各种状态的污染物质（包括悬浮的、溶解的、胶体的等）。主要方法有中和、混凝、电解、氧化还原、汽提、萃取、吸附、离子交换和电渗析等。生产污水处理使用的比较多的就是化学处理法。

（3）生物化学处理法。利用微生物的代谢作用，使污水中呈溶解、胶体状态的有机污染物转化为稳定的无害物质。

（4）物理化学处理法。污染物质的去除还可以利用物理化学作用来实现。常用的方法有：吸附法、膜分离法、离子交换法、汽提法、萃取法等。

城市污水与生产污水中的污染物是多种多样的，仅仅借助于一种手段很难达到预期效果，往往需要采用几种方法的组合，才能处理不同性质的污染物与污泥，达到净化的目的与排放标准。

（二）污水处理程度

按照处理程度，污水处理技术可以划分为一级、二级和三级处理。

（1）一级处理。主要去除污水中呈悬浮状态的固体污染物质，物理处理法大部分只能满足一级处理的要求。经过一级处理后的污水，BOD 一般只可去除30%左右，跟排放标准仍然是有一定差距的。一级处理属于二级处理的预处理。

（2）二级处理。主要去除污水中呈胶体和溶解状态的有机污染物质（BOD、COD 物质），去除率非常高，能够达到 90%以上，使有机污染物达到排放标准。

（3）三级处理。三级处理是在一级、二级处理后，进一步处理难降解的有机物和磷、氮等能够导致水体富营养化的可溶性无机物等。主要方法有生物脱氮除磷法、混凝沉淀法、砂滤法、活性炭吸附法、离子交换法和电渗析法等。

（三）污水处理工艺流程

确定合理的处理流程，需要根据污水的水质及水量、受纳水体的具体条件以及回收的有用物质的可能性和经济性等多方面考虑。一般通过实验，确定污水性质，进行经济技术比较，最后决定选用哪种工艺流程。

（1）城市污水处理流程。有机物是城市污水的主要组成部分，典型处理流程如图 3-2 所示。

（2）工业废水处理流程。各种工业废水的水质差别非常明显，水量不恒定，并且处理的要求也不相同，因此，对工业废水处理一般采用的处理流程为：

污水→澄清→回收有毒物质处理→再用或排放

对于某一种污水来说，究竟采用哪些方法或哪几种方法联合使用，须根据国家的建设方针、污水的水质和水量、回收的经济价值、排放标准、处理方法的特点等，通过调查、分析和比较后决定。必要时，先对其进行试验研究，这样才能选择最佳的处理办法。

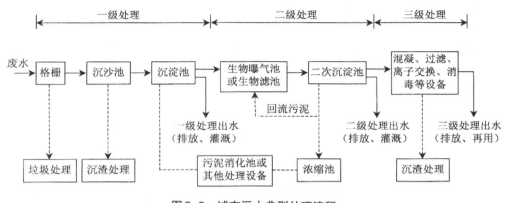

图3-2　城市污水典型处理流程

二、水的物理处理

水的物理处理是借助于物理作用分离和去除水中不溶性悬浮物或固体，又称为机械治法，常用的方法有：筛滤、均和调节、沉淀与上浮、离心分离、过滤等。其中前三项在城市污水处理流程中常用在主体处理构筑物之前，故又被称为预处理或前处理。下面以调节为例来进行介绍。

（一）调节的作用

工业企业由于生产工艺的原因，在不同工段、不同时间所排放的污水有着天壤之别，尤其是操作不正常或设备发生泄漏时，污水的水质就会急剧恶化，水量也会大大增加，往往会超出污水处理设备的正常处理能力。

具体说来，以下几个方面充分体现了调节的作用：①提供对污水处理负荷的缓冲能力，防止处理系统负荷的急剧变化；②减少进入处理系统污水流量的波动，使处理污水时所用化学品的加料速率稳定，从而跟加料设备的能力相匹配；③防止高浓度的有毒物质直接进入生物化学处理系统。

（二）调节处理的类型

按照调节功能进行划分，调节处理可以分为水量调节和水质调节两类。

1. 水量调节

水量调节实现起来比较简单，一般只需设置一个简单的水池，保持必要的调节池容积并使出水均匀即可。

污水处理中单纯的水量调节有两种方式：一种为线内调节，如图3-3所示，进水一般采用重力流，出水用泵提升，池中最高水位不高于进水管的设计水位，最低水位为死水位，有效水深一般为2～3 m。另一种为线外调节，如图3-4所示，调节池设在旁路上，当污水流量过高时，多余污水用泵打入调节池，当流量低于设计流量时，从调节池回流至集水井，然后再对其进行后续处理。[a]

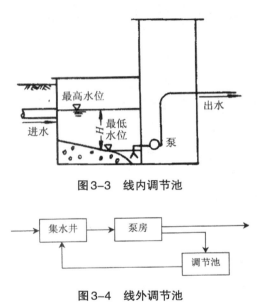

图3-3　线内调节池

图3-4　线外调节池

线外调节与线内调节相比，进水管高度不会对其调节池造成任何影响，施工和排泥较方便，但被调节水量需要两次提升，消耗动力大。一般都设计成线内调节。

2. 水质调节

水质调节的任务是对不同时间或不同来源的污水进行混合，使流出的水质比较均匀，以避免后续处理设施承受过大的冲击负荷。可通过以下方法来实现水质调节。

（1）外加动力调节。外加动力就是在调节池内，采用外加叶轮搅拌、鼓风空气搅拌、水泵循环等设备对水质进行强制调节，它的设备比较简单，运行效果好，但需要投入的更多。

（2）差流方式调节。采用差流方式进行强制调节，能够混合不同时间和不同

a　刘贤娟，梁文彪.水文与水资源利用［M］.郑州：黄河水利出版社，2014.

浓度的污水，这种方式基本上没有运行费用，但设备较复杂。

①对角线调节池。对角线调节池是常用的差流方式调节池，其类型很多，结构如图3-5所示。对角线调节池的特点是出水槽沿对角线方向设置，污水由左右两侧进入池内，经不同的时间流到出水槽，使先后过来的、不同浓度的废水混合，从而实现自动调节均和的目的。

为了尽可能地防止污水在池内短路现象的发生，可以在池内设置若干纵向隔板。污水中的悬浮物会在池内沉淀，对于小型调节池，可考虑设置沉渣斗，通过排渣管定期将污泥排出池外；如果调节池的容积很大，需要设置的沉渣斗过多，这样管理起来太麻烦，可考虑将调节池做成平底，用压缩空气搅拌，以防止沉淀，空气用量为 1.5 ~ 3 m³/（m²·h）。调节池的有效水深采取 1.5 ~ 2 m，纵向隔板间距为 1 ~ 1.5 m。

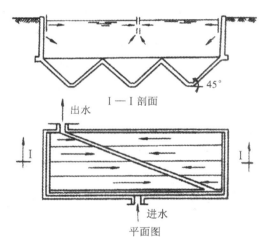

图3-5　对角线调节池

如果调节池采用堰顶溢流出水，则这种形式的调节池只能调节水质的变化，而不能调节水量。如果后续处理构筑物对处理水量的稳定性要求比较高，可把对角线出水槽放在靠近池底处开孔，在调节池外设水泵吸水井，通过水泵把调节池出水抽送到后续处理构筑物中，水泵出水量可认为是稳定的。或者使出水槽能在调节池内随水位上下自由波动，以便贮存盈余水量，补充水量短缺。

②折流调节池。在池内设置许多折流隔墙，控制污水 1/3 ~ 1/4 流量从调节池的起端流入，在池内来回折流，延迟时间，充分混合、均衡；剩余的流量通过设在调节池上的配水槽的各投配口等量地投入池内前后各个位置，从而使先后过

来的、不同浓度的废水混合，以使自动调节均和的目的得以顺利实现。

③同心圆调节池。同心圆调节池的结构原理类似于对角线调节池，只是做成圆形。

另外，利用部分水回流方式、沉淀池沿程方式，也可以实现水质均和调节。在实际生产中，具体选用哪种调节方法可以根据实际情况来选择。

三、水的化学处理

水的化学处理方法是借助化学反应来去除水中污染物，从而达到改善水质、控制污染的目的。常用的水的化学处理方法有中和、混凝、化学沉淀、氧化还原和消毒，下面重点介绍中和法。

借助于化学法，去除废水中的酸或碱，使 pH 值达到中性的过程，这就是中和的实现原理。

（一）中和法原理

1. 中和法原理

酸性或碱性废水中和处理基于酸碱物质摩尔数相等，具体公式如下：

$$Q_1 C_1 = Q_2 C_2 \qquad （3-7）$$

式中，Q_1 为酸性废水流量，L/h；Q_2 为碱性废水流量，L/h；C_1 为酸性废水酸的物质的量浓度，mmol/L；C_2 为碱性废水碱的物质的量浓度，mmol/L。

2. 中和方法

工业企业常常会有酸性废水和碱性废水，当这些废水含酸或碱的浓度很高时，例如在 3% ~ 5% 以上，应尽可能考虑回用和综合利用，这样既可以回收有用资源，处理费用也会因此得以减少。当其含酸或碱的浓度较低时，回收或综合利用经济价值不大时，才考虑中和处理。对于酸、碱废水，常用的处理方法有酸性废水和碱性废水互相中和、药剂中和和过滤中和三种。

以下因素是在选择中和方法时，需要充分考虑的：①废水所含酸类或碱类物质的性质、水量、浓度及其变化规律；②本地区中和药剂和滤料（如石灰石）的供应情况；③就地取材所能获得的酸性或碱性废料及其数量；④接纳废水的管网系统、后续处理工艺对 pH 值的要求以及接纳水体环境容量。

（3）中和药剂和滤料。针对酸性废水和碱性废水需要的中和剂各不相同，酸性废水中和处理采用的中和剂和滤料有石灰、石灰石、白云石、苏打、苛性碱、氧化镁等；碱性废水中和处理通常采用盐酸和硫酸。

苏打和苛性碱具有宜贮存和投加、反应快、宜溶于水等优点，但其价格较高，通常使用的比较少。相反，石灰、石灰石、白云石来源广、价格低廉、使用的频率非常高。但其存在下列不足：劳动条件和环境条件差；产生泥渣量大，难于运送和脱水；对设备腐蚀性较强，且需投加和反应的设备较多。

（二）中和法工艺技术与设备

1.酸碱废水相互中和工艺

可根据废水水量和水质排放规律来确定酸碱废水的相互中和。当水质、水量变化较小时，且后续处理对 pH 值要求较宽时，可在管道、混合槽、集水井中进行连续反应；当水质、水量变化较大时，且后续处理对 pH 值要求较高时，应设连续流中和池。中和池水力停留时间视水质、水量而定，一般 1 ~ 2 h；当水质变化较大，且水量较小时，宜采用间歇式中和池。为保证出水 pH 值稳定，其水力停留时间应相应延长，如 8 h（一班）、12 h（一夜）或 1 d。

2. 药剂中和处理

中和处理最常见的是酸性废水的中和处理。此时选择中和剂时应尽可能使用工业废渣，如电气石废渣、钢厂废石灰等。当酸性废水含有较多杂质时，具有一定絮凝作用的石灰乳可以说是不错的选择。在含硫酸废水的处理中，由于生成的硫酸钙会在石灰颗粒表明形成覆盖层，影响或阻止中和反应的继续进行，所以，中和剂石灰石、白垩石或白云石的颗粒应在 0.5 mm 以下。

由于中和剂的纯度是无法得到根本保证的，加之中和剂中和反应一般不能完全彻底，因此，和理论用量比起来，中和剂用量要相对高一些。在无试验资料条件下，用石灰乳中和强酸（硫酸、硝酸和盐酸）时一般按 1.05 ~ 1.10 倍理论需要量投加；用石灰干投或石灰浆投加时，一般需要 1.40 ~ 1.50 倍理论需要量。

石灰作中和剂时，可干法和湿法投加，一般多采用湿式投加。投加工艺流程如图 3-6 所示。当石灰用量较小时（一般小于 1 t/d），可用人工方法进行搅拌、消解。反之，采用机械搅拌、消解。经消解的石灰乳排至安装有搅拌设备的消解槽，后用石灰乳投配装置（图 3-7）投加至混合反应装置进行中和。混合反应时间一般采用 2 ~ 5 min。采用其他中和剂时，其反应时间可根据反应速度的快慢适当调整。

当废水水量较小时，不设混合反应池也是可行的；反之，水量很大时，一般需设混合反应池。石灰乳在池前投加，混合反应采用机械搅拌或压缩气体搅拌。

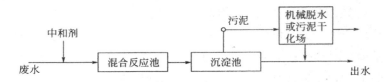

图3-6 药剂中和处理工艺流程

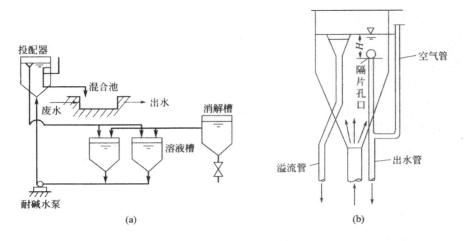

图3-7 石灰乳投配系统

（a）投配系统；（b）投配器

可通过沉淀的方法去除反应产生的沉渣。一般沉淀时间 1 ~ 2 h。当沉渣量较小时，多采用竖流式沉淀池重力排渣；当沉渣量较大时，可采用平流式沉淀池排放沉渣。由于沉渣含水率约在 95% 左右，渣量较大时，沉渣需进行机械脱水处理，反之，可采用干化场干化。

采用石灰或石灰乳等方式会产生大量沉渣，沉渣处理不仅设备投资费用较高，且人工成本较大，存在管理难、有环境风险等隐患。目前，大中城市的很多工业企业往往选用投加苛性碱等强碱物质，使之溶解后通过计量泵或蠕动泵投加，并采用 pH 计探头进行反应条件监控，极大地改善了反应条件，提高了中和处理的效果。

对应碱性废水，若含有可回收利用的氨时，可用工业硫酸中和回收硫酸铵。若无可回收物质，多采用烟道气（二氧化碳含量可达 24%）中和。烟道气借助湿式除尘器、采用碱性废水喷淋，使气水逆向接触，进行中和反应。此法的特点是以废治废，投资省、费用低。但出水色度往往较高，会含有一定量的硫化物，仍需对其做进一步处理。

3. 过滤中和

仅在酸性废水的中和处理中使用过滤中和。酸性废水通过碱性滤料时与滤料进行中和反应的方法叫过滤中和法。过滤中和的碱性滤料主要为石灰石、白云石、大理石等。中和的滤池有普通中和滤池、上流式或升流式膨胀中和滤池、滚筒中和滤池。

普通中和滤池为固定床。滤池可以分为平流式和竖流式两种。目前多采用竖流式（图3-8）。普通中和滤池的滤料粒径不宜过大，一般为 30 ~ 50 mm，滤池厚度 1 ~ 1.5 m，过滤速度 1 ~ 1.5 m/h，不大于 5 m/h，接触时间不少于 10 min。

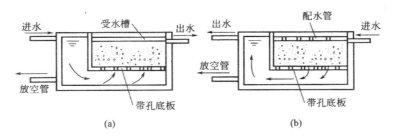

图3-8　普通中和池

（a）升流式；（b）降流式

升流式膨胀中和滤池分恒滤速和变滤速两种。恒滤速升流式膨胀中和滤池见图3-9。冒滤池高度 3 ~ 3.5 m。废水通过布水系统从池底进入，卵石承托层 0.15 ~ 0.2 m，粒径 20 ~ 40 mm。滤料粒径 0.5 ~ 3 mm，滤层高度 1.0 ~ 1.2 m。

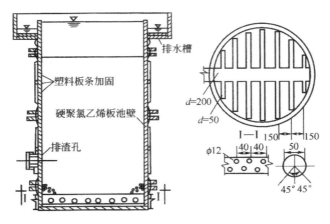

图3-9　恒滤速升膨胀中和滤池示意图

滤速一般采用 60 ～ 80 m/h，膨胀率保持在 0% 左右，之所以这么多是为了使滤料处于膨胀状态并相互摩擦。变速膨胀中和滤池见图 3-10。滤池下部横截面面积小，上部面积大。流速上部为 40 ～ 60 m/h，下部为 130 ～ 150 m/h，克服了恒速膨胀滤池下部膨胀不起来、上部带出小颗粒滤料的缺点。

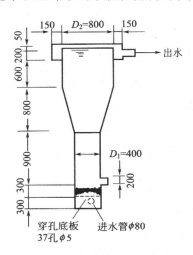

图3-10　变速膨胀中和滤池

过滤中和滚筒为卧式，其直径一般 1 m 左右，长度为直径的 6 ～ 7 倍。由于其构造复杂程度较高，动力运行费用高，运行时噪音较大，较少使用。

四、水的生物化学处理

水的生物化学处理是借助生物化学来去除水中污染物，常用的方法有活性污泥法、生物膜法、厌氧生物处理和自然生物处理，下面重点介绍生物膜法。

（一）生物膜的产生

生物膜主要由细菌的菌胶团和大量的真菌菌丝组成，其中还有许多原生动物和较高等动物生长。

在生物滤池表面的滤料中，一些褐色或其他颜色的菌胶团是比较常见的，也有的滤池表层有大量的真菌菌丝存在，因此形成一层灰白色的黏膜。下层滤料生物膜则呈黑色。在春、夏、秋三季，滤池中容易滋生灰蝇，它们的幼虫色白透明，头粗尾细，常分布在滤料表面，成虫后即在滤池及其周围栖翔。

（二）生物膜的工艺流程

生物膜法的基本流程如图 3-11 所示。污水经沉淀池去除悬浮物后进入生物膜反应池，有机物将会被有效去除。生物膜反应池出水入二沉池去除脱落的生物体，澄清液排放。污泥浓缩后运走或进一步处置。

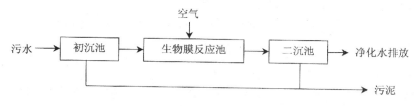

图3-11　生物膜法基本流程

（三）生物膜法的结构及其净化机理

图3-12是生物膜一小块滤料放大了的示意图。借助示意图可以很好地分析生物膜对污水的净化作用。

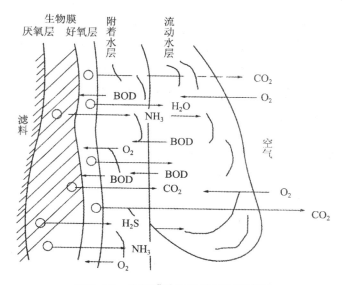

图3-12　生物膜结构及其工作示意图

从图3-12中可以看出，滤料表面的生物膜可分为厌氧层和好氧层。由于生物膜的吸附作用，在好氧层表面有一层附着水层，在附着水层外部，是流动水层。由于进入生物处理池中的待处理污水，有机物浓度较高。因此，当流动水流经滤料表面时，有机物就会从运动着的污水中通过扩散作用转移到附着水层中去，并进一步被生物膜所吸附。同时空气中的氧也通过流动水、附着水进入生物膜的好氧层中；在氧的参与下，生物膜中的微生物对有机物进行氧化分解和机体新陈代谢，其代谢产物如 CO_2、H_2O 等，无机物又沿着相反的方向从生物膜经过附着水排到流动水层及空气中去，使污水得到净化。同时，微生物得以迅速繁殖，生物膜厚度不断增加，造成厌氧层厚度不断增加。

内部厌氧层的厌氧菌用死亡的好氧菌及部分有机物进行厌氧代谢；代谢产物如有机酸、H_2S、NH_3 等转移到好氧层或流动水层中。当厌氧层还不厚时，好氧层的净化功能仍具有作用；但当厌氧层过厚、代谢产物过多时，两层间将失去平衡，好氧层上的生态系统遭到破坏，生物膜就呈老化状态而脱落（自然脱落），再次开始增长新的生物膜。在生物膜成熟后的初期，微生物好氧代谢旺盛，净化功能最好；在膜内出现厌氧状态时，净化功能下降，而当生物膜脱落时降解效果最差。生物膜就是通过吸附→氧化→增厚→脱落过程而不断地对有机污水进行净化的。但好氧代谢起主导作用，是去除有机物的主要过程。

（四）生物膜法的分类及特点

1. 生物膜法的分类

按生物膜与污水的接触方式的差异，生物膜法可分为充填式和浸没式两类：充填式生物膜法的填料（载体）不被污水淹没，自然通风或强制通风供氧，污水流过填料表面或盘片旋转浸过污水，如生物滤池和生物转盘等；浸没式生物膜法的填料完全浸没于水中，一般采用鼓风曝气供氧，如接触氧化和生物流化床等。

2. 生物膜处理法的特征

（1）微生物方面的特征：①参与净化反应的微生物多样化。生物膜中微生物附着生长在滤料表面上，生物固体平均停留时间较长，因此在生物膜上可生长世代期较长的微生物，如硝化菌等。在生物膜中丝状菌很多，有时还起主要作用。由于生物膜固着生长在载体表面，污泥膨胀问题得以有效避免，因此丝状菌的优势得到了充分的发挥。此外，线虫类、轮虫类以及寡毛类微型动物出现的频率也较高。②生物的食物链较长。在生物膜上生长繁育的生物中，微型动物存活率较高。在捕食性纤毛虫、轮虫类、线虫类之上栖息着寡毛类和昆虫，因此，生物膜上形成的食物链较长。生物膜处理系统内产生的污泥量和活性污泥处理系统比起来要少一些。③各段具有优势菌种。由于生物滤池污水是自上而下流动，逐步得以净化，而且上下水质不会固定不变，因此对生物膜上微生物种群发生了不可忽视的作用。在上层大多是以摄取有机物为主的异养微生物，底部则是以摄取无机物为主的自养型微生物。④硝化菌得以增长繁殖。生物膜处理法的各项处理工艺都具有一定的硝化功能，采取适当的运行方式能够使得污水反硝化脱氮。

（2）处理工艺方面的特征：①运行管理方便、耗能较低。生物处理法中丝状菌起一定的净化作用，但丝状菌的大量繁殖，污泥或生物膜的密度也会因此得以降低。在活性污泥法运行管理中，丝状菌增加能导致污泥膨胀，而丝状菌在生物膜法中无不良作用。相对于活性污泥法，生物膜法处理污水的能耗低。②抗冲击负荷能力强。污水的水质、水量时刻在变化，当短时间内变化较大时，即产生了冲击负荷，生物膜法处理污水对冲击负荷的适应能力较强，处理效果较为稳定。有毒物质对微生物有伤害作用，一旦进水水质恢复正常后，即可有效恢复生物膜净化污水的功能。③具有硝化作用。在污水中起硝化作用的细菌属自养型细菌，容易生长在固体介质表面上被固定下来，故用生物膜法进行污水的硝化处理，取得的效果非常理想，且较为经济。④污泥沉降脱水性能好。生物膜法产生的污泥主要是从介质表面上脱落下来的老化生物膜，为腐殖污泥，其含水率较低、呈块状、沉降及脱水性能良好，在二沉池内其能够得以有效分离，得到较好的出水水质。

五、水的物理化学处理

膜分离技术是近 30 年来发展起来的一种高新技术，在能源、电子、石化、环保等各个领域均有应用。膜分离技术是利用特殊的薄膜对液体中的某些成分进行选择性透过的技术总称。

溶剂透过膜的过程称为渗透，而溶质透过膜的过程称为渗析。电渗析、反渗透、膜滤（微滤、纳滤、超滤）为常用的膜分离方法，其次还有自然渗析和液膜技术。这些分离技术有很多共同的优点：可以在一般的温度下进行分离，因而特别适用于对热敏感的物质，如对果汁、酶、药品等的分离、分级、浓缩与富集过程就可采用膜分离技术，因其能耗较低，又称为节能技术。其优点有：设备简单、易于操作、便于维修以及适用范围广等。几种主要的膜分离法的特点如表3-1 所示。

表3-1 几种主要的膜分离法的特点

过程	推动力	膜孔径/$\times 10^{-10}$m	透过物	截留物	用途
渗析	浓度差	10 ~ 100	低分子量物质、离子	溶剂、大分子溶解物	分离溶质，酸碱的回收中会用得到
电渗析	电位差	10 ~ 100	电解质离子	非电解质大分子物质	分离离子，用于回收酸碱、苦咸水淡化

续表

过程	推动力	膜孔径/×10⁻¹⁰m	透过物	截留物	用途
反渗透	压力差	<100	水溶剂	溶质、盐（悬浮物、大分子、离子）	分离小分子物质，用于海水淡化，去除无机离子或有机物
超滤	压力差	10 ~ 400	水、溶剂及小分子	生物制品、胶体大分子	截留分子量大于500的大分子

（一）电渗析

1. 电渗析原理

电渗析是在直流电场的作用下，以电位差为推动力，利用离子交换膜的选择透过性，把电解质从溶液中分离出来，使溶液的淡化、浓缩、精制或纯化的目的得以顺利实现。电渗析过程其实是电解和渗析扩散过程的组合。渗析是用膜将浓度不同的溶液隔开，溶质即从浓度高的一侧透过膜扩散到浓度低的一侧，这种现象称为渗析。渗透膜一般具有阴、阳离子选择透过性，阳膜常含有带负电荷的酸性活性基团，能选择性地使溶液中的阳离子透过，而溶液中的阴离子则因受阳膜上所带负电荷基团的同性相斥作用不能透过阳膜。阴膜通常含有带正电荷的碱性活性基团，能选择性地使阴离子透过，而溶液中的阳离子则因阴膜上所带正电荷基团的同性相斥作用不能透过阴膜，即阴膜只能透过阴离子而阳膜只能透过阳离子。电渗析过程就是在外加直流电场作用下，阴、阳离子分别往阳极和阴极移动，它们最终会于离子交换膜。图3-13是电渗析法在海水淡化中的应用示意图。

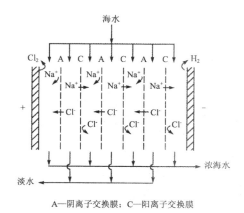

A—阴离子交换膜；C—阳离子交换膜

图3-13　点渗析法在海水淡化中的应用示例

2. 渗析装置

电渗析器本体及辅助设备两部分共同构成了电渗析装置。其中的主要设备是电渗析器，利用电渗析原理进行脱盐或废水处理的装置就是电渗析器。电渗析器本体的结构包括膜堆、极区和压紧装置三大部分。附属设备是指各种料液槽、水泵、直流电源及进水预处理设备等。

（1）膜堆。交替排列的阴、阳离子交换膜和交替排列的浓、淡室隔板组成了膜堆。其结构单元包括阳膜、隔板、阴膜，一个结构单元也叫一个膜对。一台电渗析器由许多膜对组成，这些膜对总称为膜堆。隔板常用 1 ~ 2 mm 的硬聚氯乙烯板制成，板上开有配水孔、布水槽、流水道、集水槽和集水孔。隔板放在阴、阳膜之间，起着分隔和支撑阴、阳膜的作用，并形成水流通道，构成浓、淡隔室。电渗析器如图 3-14 所示。离子减少的隔室称为淡室，其出水为淡水；离子增多的隔室称为浓室，其出水为浓水；与电极板接触的隔室称为极室，其出水为极水。这些水需要单独收贮藏，因为他们具有不同的性质。

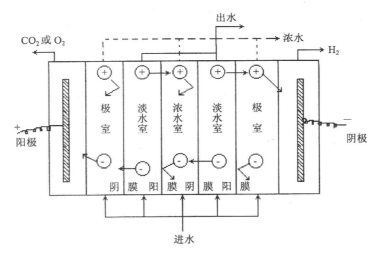

图 3-14　电渗析器示意图

（2）极区。极区的主要作用是给电渗析器供给直流电流，将原水导入膜堆的配水孔，将淡水和浓水排出电渗析器，并通入和排出极水。托板、电极、板框和弹性垫板共同构成极区。

（3）压紧装置。其作用是把极区和膜堆组成不漏水的电渗析器整体。使用压板和螺栓拉紧或者采用液压压紧均可。

在实践中，为了区分各种组装行为可以使用"级""段"和"系列"等术语。

电渗析器内电极对的数目为"级"，凡是设置一对电极的叫做一级，设置两对电极的叫做二级，以此类推。电渗析器内，进水和出水方向一致的膜堆部分称为"一段"，水流方向每改变一次，"段"的数目就增加1。

（二）反渗透

1. 反渗透原理

如果将淡水（溶剂）和盐水（溶质和溶剂）用半透膜隔开，如图3-15所示，淡水透过半透膜至盐水一侧是自然发生的，这种现象称为渗透。当渗透进行到盐水一侧的液面达到某一高度而产生压力，从而抑制了淡水进一步向盐水一侧渗透，这一压头称为渗透压。如果在盐水一侧施加大于渗透压的压力，盐水中的水分就会从盐水一侧透至淡水一侧、（盐水一侧浓度增大、浓缩），这现象就称为反渗透。

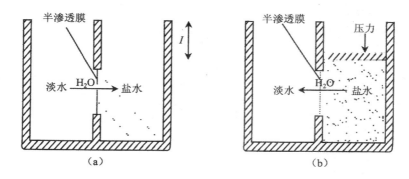

图3-15 反渗透原理图

因此，以下两个条件是反渗透过程必须具备的：一是必须有一种高选择性和高渗透性（一般指透水性）的选择性半透膜；二是操作压力必须高于溶液的渗透压。

2. 反渗透膜

反渗透膜种类很多，以膜材料、膜形式或其他方式命名。一般来说以下多种性能是反渗透膜需要具备的：①单位面积上透水量大，脱盐率高。②机械强度好，多孔支撑层的压实作用小。③结构均匀，使用寿命长，性能衰减慢。④化学稳定性好，耐酸、碱腐蚀和微生物侵蚀。⑤制膜容易，价格便宜，原料充足。

目前，醋酸纤维素膜（CA膜）和芳香聚酰胺膜为水处理中使用频率较高的膜。

醋酸纤维素是CA膜的主体材料，外观为乳白色或淡黄色的含水凝胶膜，有一定韧性，在厚度方向上密度不均匀，属于非对称性膜。CA膜对无机和有机的电解质去除率较高，可达90%～99%。

芳香聚酰胺为芳香聚酰胺膜的主要成膜材料。芳香聚酰胺膜也是一种非对称结构的膜。这种反渗透膜具有良好的透水性能、较高的脱盐率，而且工作压力低（2.74 MPa即可），机械强度高，化学稳定性好，耐压实，能在pH值为4～11时使用，寿命较长。

3. 反渗透装置

反渗透装置常用的样式有四种，分别为板框式、管式、螺卷式和中空纤维式。

（1）板框式反渗透装置。板框式反渗透装置的结构与压滤机类似（图3-16）。整个装置由若干圆板一块一块地重叠起来组成。圆板外环有密封圈支撑，使内部组成压力容器，高压水串流通过每块板。圆板中间部分是多孔性材料，用以支撑膜并引出被分离的水。会有反渗透膜存在于每块板两面，膜周边用胶黏剂和圆板外环密封。这种装置的优点是结构简单，体积比管式的小，缺点是装卸复杂，单位体积膜表面积小。

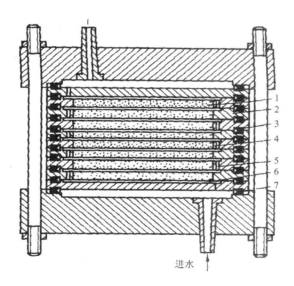

进水

1—膜；2—水引出孔；3—橡胶密封圈；4—多孔性板；
5—处理水通道；6—膜间流水道；7—双头螺栓

图3-16　板框式反渗透装置

（2）管式反渗透装置。这种装置是把膜装在耐压微孔承压管内侧或外侧，制成管状膜元件，然后再装配成管式反渗透器（图 3-17）。

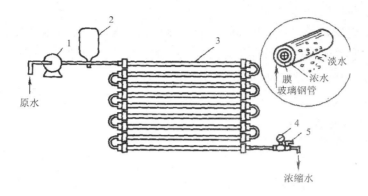

1—高压水泵；2—缓冲器；3—管式组件；4—压力表；5—阀门

图 3-17　管式反渗透器

（3）螺旋卷式反渗透装置。在这种装置中，有一层多孔性支撑材料（柔性网格）存在于两层反渗透膜中间，并将它们的三段密封起来，再在下面铺上一层供废水通过的多孔透水格网，然后将它们的一端粘贴在多孔集水管上，绕管卷成螺旋卷筒便形成一个螺旋卷式反渗透装置（图 3-18）。

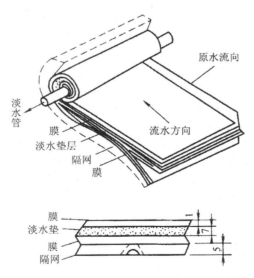

图 3-18　螺旋卷式反渗透装置

（4）中空纤维式反渗透装置。这种装置中装有由制膜液空心纺丝而成的中空纤维管，管的外径为 50～100 mm，壁厚 12～25 mm，管的外径：内径 =2：1。将几十万根中空纤维膜弯成 U 字形装在耐压容器中，即可组成反渗透器（图3-19）。这种装置的优点是单位体积的膜表面积大，装备紧凑；缺点是原液预处理要求严格，难以发现损坏了的膜。

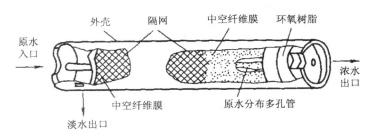

图 3-19 中空纤维式反渗透装置

4. 反渗透工艺

反渗透处理的工艺流程有一级一段连续式工艺、一级一段循环式工艺及多级串联连续式工艺这三种形式。设计时可根据被处理废水的水质特征、处理要求及选用组件的技术特性选择适宜的工艺。具体的工艺设计可查阅有关设计手册，这里只简单介绍废水的预处理及反渗透膜的清洗。

（1）预处理工艺。预处理工艺包括去除水中过量的悬浮物，对进水的 pH 值和水温进行调节和控制，及去除乳化和未乳化的油类与溶解性有机物。通常可用混凝沉淀和过滤的联合将悬浮物去除。

不同反渗透膜的 pH 值适用范围不同，可采取加酸或加碱的方法调节 pH 值，适宜的 pH 值还可以防止在膜表面形成水垢。如当 pH 值为 5 时，在膜表面磷酸钙和碳酸钙就不容易沉积了。当废水中含钙量过高时，还可用石灰软化或离子交换法加以去除。水温过高时则应采取降温措施。

对于废水中乳化和未乳化的油类及溶解性有机物，为了将这些物质除去可以采用氧化法或活性炭吸附法。

（2）反渗透膜的清洗。膜使用一段时间后总会在表面形成污垢，如果不对其进行定期清洗就会影响使用效果。最简单的方法是用低压高速水冲洗膜面，时间为 30 min，也有的用空气与水混合的高速气 - 液流喷射清洗。

当膜面污垢较密实而且厚度较大时，可采用化学法清洗，加入化学清洗剂清洗对其进行清洗。如用盐酸（pH=2）或柠檬酸（pH=4）的水溶液可有效去除金属氧化物或不溶性盐形成的污垢，清洗时水温以 35 ℃为宜，清洗时间为 30 min。

清洗液清洗完后，需用清水反复冲洗膜面方可投入正常运行。

（三）其他膜分离技术

除了上述介绍的膜分离技术，还有超滤、微孔过滤等其他膜分离技术。超滤又称为超过滤，是利用一定孔径的膜截流溶液中的大分子物质和微粒，而溶液中的溶剂及低分子量物质能透过膜从而达到分离的目的。超滤法在化工废水处理中也得到了很好的应用。例如从含油废水中回收和浓缩油，从合成橡胶废水中回收聚合物，从造纸废水中回收碱及木质素等。由于化工废水中所含溶质涉及各种不同分子量，故常将过滤法与反渗透法及其他方法联用。

微孔过滤（microporous filtration，缩写为 MF，简称微滤）与反渗透、超滤均属压力驱动型膜分离技术，所分离的组分直径为 0.03 ~ 15 mm，能够实现微粒、亚微粒和细粒物质的去除，因此又称为精密过滤，是过滤技术的最新发展。

第四章 水文水资源可持续发展管理策略

第一节 水文水资源管理的目标、原则与内容分析

一、水资源管理的目标

水资源管理总的要求是水量水质并重，资源和环境管理一体化。其具体目标可概括为：改革水资源管理体制，建立权威、高效、协调的水资源统一管理体制；以《中华人民共和国水法》为根本，建立完善的水资源管理法规体系，保护人类和所有生物赖以生存的水环境和水生态系统；以水资源和水环境承载能力为约束条件，合理开发水资源，提高水的利用效率；发挥政府监管和市场调节作用，建立水权和水市场的有偿使用制度；强化计划、节约用水管理，建立节水型社会；通过水资源的优化配置，满足经济社会发展的需水要求，以水资源的可持续利用支持经济社会的可持续发展。实施水资源管理，做到科学、合理地开发利用水资源，支持社会经济发展，改善生态环境，达到水资源开发、社会经济发展及自然生态环境保护相互协调的最终目标。

二、水资源管理的原则

关于水资源管理的原则，也有不同的提法。水利部几年前就提出"五统一、一加强"，即坚持实行统一规划、统一调度、统一发放取水许可证、统一征收水资源费、统一管理水量水质，加强全面服务的基本管理原则。在 1987 年出版的《中国大百科全书·大气科学·海洋科学·水文科学》中陈家琦等人提出水资源管理的原则：①效益最优；②地表水和地下水统一规划，联合调度；③开发与保护并重；④水量和水质统一管理。冯尚友在《水资源持续利用与管理导论》中提出的水资源管理原则：①开发水资源、防治水患和保护环境一体化；②全面管理地表水、地下水和水量与水质；③开发水资源与节约利用水资源并重；④发挥组

织、法制、经济和技术管理的配合作用。

作为水资源管理的原则，总体应遵循以下几点：

（1）开发水资源、防治水患和保护环境一体化。开发水资源是为了满足人民和国民经济发展需要，防灾减灾和保护环境是为了支持和维护资源的持续生成和全社会的有序发展，三者同是可持续发展战略的有力支柱，缺一不可。开发水资源、防治水患和保护环境的最终目的是维持人类的生存与发展。开发是人类永恒的活动，而防治和保护则是开发利用的必要条件。因此，开发、防治与保护必须结合，而且要实施开发式的防治和保护，变防治和保护的被动性为开发式的主动性。

（2）地表水、地下水的水质与水量全面管理。地表水和地下水是水资源开发利用的直接对象，是水资源的两个组成部分，且二者具有互补转化和相互影响的关系。水资源包括水量和水质，二者互相影响，共同决定和影响水资源的存在和开发利用潜力。开发利用任一部分都会引起水资源量与质的变化和时空的再分配。因此，充分利用水的流动性和储存条件，联合调度、统一配置和管理地表水与地下水，对保护水资源、防治污染和提高水的利用效率是非常必要的。

同时，由于水资源及其环境受到的污染日趋严重，可用水量逐渐减少，已严重地影响到水资源的持续开发利用潜力。因此，在制定水资源开发利用规划、供水规划及用水计划时，水量与水质应统一考虑，做到优水优用，切实保护。对不同用水户、不同用水目的，应按照用水水质要求合理供给适当水质的水，规定污水排放标准和制定切实的水源保护措施。

（3）统一管理。水资源应当采取流域管理与区域管理相结合的模式，实行统一规划、统一调度，建立权威、高效、协调的水资源管理体制。调蓄径流和分配水量，应当兼顾上下游和左右岸用水、航运、竹木流放、渔业和保护生态环境的需要。统一发放取水许可证，统一征收水资源费。取水许可证和水资源费体现了国家对水资源的权属管理、水资源配置规划和水资源有偿使用制度的管理。《中华人民共和国水法》《取水许可制度实施办法》对从地下、江河、湖泊取水实行取水许可制度和征收水资源费制度。它们是我国水资源管理的重要基础制度，是实施水资源管理的重要手段。对优化配置水资源，提高水资源利用效率，促进水资源全面管理和节约保护都具有重要的作用。[a]实施水务纵向一体化管理是水资源管理的改革方向，建立城乡水源统筹规划调配，从供水、用水、排水，到节约

a 张立中.水资源管理［M］.第3版.北京：中央广播电视大学出版社，2014.

用水、污水处理及再利用、水源保护的全过程管理体制，将水源开发、利用、治理、配置、节约、保护有机地结合起来，实现水资源管理在空间与时间的统一、质与量的统一、开发与治理的统一、节约与保护的统一，达到开发利用和管理保护水资源的经济效益、社会效益、环境效益的高度统一。

（4）保障人民生活和生态环境基本用水，统筹兼顾其他用水。《中华人民共和国水法》规定，开发利用水资源，应当首先满足城乡居民生活用水，统筹兼顾农业、工业、生态环境以及航运等需要。在干旱和半干旱地区开发利用水资源应当充分考虑生态环境用水需要。在水源不足地区，应当限制城市规模和耗水量大的工业、农业的发展。

水是人类生存的生命线，是经济发展和社会进步的生命线，是实现可持续发展的重要物质基础。世界各国管理水资源的一个共同点就是将人类生存的基本需水要求作为不可侵犯的首要目标肯定下来。随着我国生态环境日趋恶化，生态环境用水也越来越重要，从生态环境需水的综合效应和对人类可持续发展的影响考虑，把它放到与人类基本生活需水要求一起考虑是必要的。我国是人口大国、农业大国，历来粮食安全问题就是关系国计民生的头等大事，合理的农业用水比其他用水更重要。在满足人类生活、生态基本用水和农业合理用水的条件下，将水合理安排给其他各业建设与发展运用，是保障我国经济建设和实现整个社会繁荣昌盛、持续发展的重要基础。

（5）坚持开源节流并重，节流优先、治污为本的原则。我国人均水资源量较少，只相当于世界人均占有量的1/4，属于贫水国家，且时空分布不均匀，这大大增加了对水资源开发与利用的难度。我国北方与南方水资源分布极度不均，紧张与浪费并存，用水与污染同在，呈现极不协调的现象，严重影响了我国水资源利用效率和维持社会持续发展的支撑能力。

《中华人民共和国水法》规定国家厉行节约用水，大力推行节约用水措施，推广节约用水新技术、新工艺，发展节水型工业、农业和服务业，建立节水型社会。各级人民政府应当采取措施，加强对节约用水的管理，建立节约用水技术开发推广体系，培育和发展节约用水产业；国家对水资源实施总量控制和定额管理相结合的制度，根据用水定额、经济技术条件以及水量分配方案确定可供本行政区区域使用的水量，制定年度用水计划，对本行政区区域内的年度用水实行总量控制；各单位应当加强水污染防治工作，保护和改善水质，各级人民政府应当依照水污染防治法的规定，加强对水污染防治的监督管理。我国制定南水北调方案时，也遵循"先节水后调水、先治污后通水、先环保后用水"的基本原则。这对管理和改善我国水源不足与浪费并存，水源不足与污染并存的现状具有十分重要的指导意义。根据我国人口、环境与发展的特点，建设节水型社会，提高水利用效率，发挥水的多种功能，防治水资源环境污染，是实现经济社会持续发展的要求。只有实现了开源、节流、治污的辩证统一，才能实现水资源可持续利用战略，才能增强我国经济社会持续发展的能力，改善人民的物质生活条件。

三、水资源管理的主要内容

（一）确定管理的总体目标与指导思想

与水资源规划工作相似，在开展水资源管理工作之前，也要首先确定水资源管理的目标和方向，这是管理手段得以实施的依据和保障。如在对水库进行调度管理时，丰水期要以防洪和发电为主要目标，而枯水期则要以保障供水为主要目标。

与水资源规划工作相似，指导思想同样是水资源管理的"灵魂"。有什么样的指导思想就会采取什么样的管理措施。本书前面提到的指导思想有可持续发展思想、人水和谐思想、最严格水资源管理制度、水生态文明理念。

（二）资料的收集、整理和分析

资料的收集、整理和分析是最烦琐而又最重要的基础工作之一。通常，掌握的情况越具体、收集的资料越全面，越有利于水资源管理工作的开展。

水资源管理需要收集的基础资料，与水资源规划类似，包括有关的经济社会发展资料、水文气象资料、地质资料、水资源开发利用资料以及地形地貌资料等。

在资料收集、整理之后，还要对资料进行分析，确定哪些资料用于水资源管理措施制定时使用或参考，哪些资料作为实时的信息需要在管理过程中不断获取、传输和更新。这是实现水资源管理实时调度的基础。

（三）实时信息获取与传输

实时信息的获取与传输是水资源管理工作得以顺利开展的基础条件，通常需要获取的信息有水资源信息、经济社会信息等。水资源信息包括来水情势、用水信息以及降水观测等。经济社会信息包括与水有关的工农业生产变化、技术革新、人口变动、水污染治理以及水利工程建设等。总之，需要及时了解与水有关的信息，为未来水利用决策提供基础资料。

为了对获得的信息迅速做出反馈，需要把信息及时传输到处理中心。同时，还需要对获得的信息及时进行处理，建立水情预报系统、需水量预测系统，并及时把预测结果传输到决策中心。资料的采集可以运用自动测报技术；信息的传输可以通过无线通信设备或网络系统来实现。

（四）水资源评价及水资源问题剖析

关于水资源评价工作内容已在第四章详细介绍过。在水资源评价工作的基础上，正确了解研究区水资源系统状况，科学分析存在的水资源问题，比如水短缺、水污染等，是科学制定水资源管理措施的重要基础。

（五）水资源管理现状及问题分析

调查统计主要经济社会指标、供水基础设施及其供水能力、供水量、用水量、供水水质，评价用水水平和用水效率，评价水资源的开发利用程度。对不合理的水资源开发利用进行分析总结，剖析水资源管理带来的问题，总结水资源管理本身存在的问题。

（六）归纳水资源管理需要解决的问题及主要工作内容

在以上分析的基础上，归纳本研究区水资源管理目前需要解决的问题，进一步确定水资源管理的主要工作内容。可以根据研究区水资源条件、存在的管理问题以及工作任务，具体选择水资源管理主要内容。

（七）水资源管理方案选择与论证

在以上大量研究工作的基础上，对水资源管理方案选择与论证，大致有两种途径，一是对选定的水资源管理方案进行对比分析，通过定性、定量相结合手段，分析确定选择的水资源管理方案；二是根据研究区的社会、经济、生态环境状况、水资源条件、管理目标，建立该区水资源管理模型。通过对该模型的求解，得到最优管理方案。

（八）制定水资源管理措施

根据比选得到的水资源管理方案，统筹考虑水资源的开发、利用、治理、配置、节约和保护，研究制定相应的具体措施，并进行社会、经济和环境等多准则综合评价，最终确定水资源管理措施。

（九）水资源管理实施的可行性、可靠性分析

对选择的管理方案实施的可行性、可靠性进行分析。可行性分析，包括技术可行性、经济可行性，以及人力、物力等外部条件的可行性；可靠性分析，是对管理方案在外部和内部不确定因素的影响下实施的可靠度、保证率的分析。

（十）水资源运行调度与实时管理

水资源运行调度是对传输的信息，在通过决策方案优选、实施可行性、可靠性分析之后，做出的及时调度决策。可以说，这是在实时水情预报、需水预报的

基础上，所做的实时调度决策。

第二节　水文水资源管理的可持续发展

可持续发展涉及自然、环境、社会、经济、科技、政治等诸多领域。其最广泛的定义是 1987 年以挪威首相布伦特兰夫人为首的世界环境与发展委员会（WCED）发表的报告——《我们共同的未来》中提出的，即可持续发展是既满足当代人的需求，又不对后代人满足其需求的能力构成危害的发展。中国政府编制了《中国 21 世纪人口、环境与发展白皮书》，首次把可持续发展战略纳入我国经济和社会发展的长远规划。1997 年的中共十五大把可持续发展战略确定为我国"现代化建设中必须实施"的战略。可持续发展是一项经济和社会发展的长期战略。其主要包括资源和生态环境可持续发展、经济可持续发展和社会可持续发展三个方面。

水资源是基础性的自然资源和战略性的经济资源，是生态与环境的控制性要素，是人类生存、经济发展和社会进步的生命线，是实现可持续发展的重要物质基础。实行最严格的水资源管理制度，加强水资源管理，不仅是解决我国日益复杂的水资源问题的迫切要求，也是事关经济社会可持续发展全局的重大任务。

一、水资源管理是经济可持续发展的迫切需求

近年来，在全球气候变化和大规模经济开发双重因素的交织作用下，我国水资源情势正在发生新的变化，北少南多的水资源分布不均的问题进一步加剧，局部地区遭遇严重干旱、部分城市严重缺水等。与此同时，长期形成的高投入、高消耗、高污染、低产出、低效益的经济发展模式仍未根本改变，一些地方水资源过度开发、无序开发引发一系列生态与环境问题。尤其是我国北方一些地区"有河皆干，有水皆污"，地下水严重超采，甚至枯竭；水土流失严重，沙尘暴肆虐。水环境恶化严重影响我国经济社会的可持续发展。

在这种情况下，在一定的流域或区域内，要根据当地的水资源条件，统筹考虑经济社会发展与水资源节约、水环境治理、水生态保护的关系，实行最严格的水资源管理制度，建立用水总量控制制度、用水效率控制制度、水功能区限制纳污制度、水资源管理责任和考核制度，实现流域、区域用水优化分配，提高水资源利用效率，构建节水型社会，从严核定水域纳污容量，严格限制入河湖排污总

量，从水质水量等方面统筹管理、合理配置，以水资源的可持续利用推动发展方式转变和经济结构战略性调整，促使经济社会发展与水资源承载能力、水环境承载能力相协调，实现经济社会的可持续发展。在水资源充裕和紧缺地区打造不同的经济结构，量水而行，以水定发展。

二、水资源管理是社会可持续发展的必然选择

水是生命之源，是人类和其他一切生物赖以生存和发展的物质基础。人类生活对水的需求远大于生理水量，而且随着生活水平的提高，人均用水量也在增加。目前，保障城乡饮用水安全的任务非常艰巨。在我国水资源严重短缺的态势下，如何将有限的水资源保质保量地优化分配到不同的区域和流域，保证生活用水的需求，确保水资源的持续开发和永续利用，是保证实现整个人类社会持续发展的最重要的物质基础之一。也就是说，为了实现人类社会的持续发展，必须实现水资源的持续发展和永续利用，而要实现水资源的持续发展和永续利用又必须借助科学的水资源管理。[a]

通过水资源管理，使人类认识到水资源的重要性和稀缺性，从过去重点对水资源进行开发利用、治理转变为在开发利用、治理的同时，注意对水资源的配置、节约和保护；从无节制的开源趋利、以需定供转变为以供定需，建立节水型社会；从人类向大自然无节制地索取转变为人与自然、与水资源的和谐共处，实现可持续利用。同时，在观念和行动上实现转变，发挥人的主观能动性，推动水资源管理的进程。

此外，加强水资源管理是统筹城乡和区域发展、增强发展协调性的迫切需要。我国农业用水量占总供水量的64%，人增地减水缺的矛盾将长期存在。保持农业稳定发展，保障国家粮食安全，促进农民持续增收，需要强有力的水资源保障。同时，工业化和城镇化的加快推进，区域发展战略的深入实施，对水资源安全保障提出了更高的要求，统筹城乡水资源配置赋予水资源管理更为艰巨的任务。

加强水资源管理是加快发展民生水利、保障人民群众共享水利发展改革成果的迫切需要。水资源与人的生命和健康、生活和生产、生存和发展密切相关。必须大力发展民生水利，着力解决好人民群众最关心、最直接、最现实的水资源问题，切实保障人民群众在水资源开发利用、城乡供水保障、用水结构调整、水权分配和流转等方面的合法权益。

---

　　a　张孝军，李才宝.可持续的水资源管理［M］.郑州：黄河水利出版社，2005.

加强水资源管理是提高水利社会管理和公共服务能力、推进水利又好又快发展的迫切需要。水资源管理是水利工作的永恒主题，没有科学的水资源管理，就没有现代水利；没有严格的水资源管理，就没有可持续发展水利。只有加强水资源管理，建立权威高效、运转协调的管理体制，才能根本改变水资源过度开发、无序开发和低水平开发的状况，有效解决我国严峻的水资源问题。

三、水资源管理推动环境的可持续发展

水资源是环境系统的基本要素，是生态系统结构与功能的重要组成部分。水以其存在形态与系统内部各要素之间发生着有机联系，构成生态系统的形态结构；水以其运动形式作为营养物质和能量传递的载体，不停顿地运转，逐级分配营养和能量，从而形成系统的营养结构；水在生态系统中永无休止地运动，必然产生系统与外部环境之间的物质循环和能量转换，因而形成系统功能。水在生态系统结构与功能中的地位与作用，是其他任何要素无法替代的。

水是可恢复再生的自然资源，通过水循环，往复于海洋、空间和陆地之间，支持物质循环、能量转换和信息传递的运转。在生生不息的生物圈中，生物地质化学循环也是靠水的运动和调节进行的。总之，生物圈内所有物质虽以不同形式进行着无休止的循环运动，但在任何物质循环过程中，都离不开水的参与和水的独特作用。

众所周知，水质型缺水和水量型缺水都将对生态系统和环境产生显著的负面影响，包括生态系统消亡、生物多样性减少、生态功能下降、环境自净能力下降等。为了保护环境，维持生态平衡，必须保持河湖水环境的正常水流和水体自净能力，以满足水生生物和鱼类的生长，维持江河湖泊的生存与演化，以及保证水上通航、水上运动、旅游观光等各项环境功能。在水资源合理配置调度过程中，优先考虑生态环境需水量，对工程沿线的河道、湖泊的生态水量一定要统筹考虑、多方论证，避免河道、湖库水生态、水环境遭到破坏。在水质管理中，应重视地表水和地下水的修复技术研究与应用。

第三节　水资源管理的体系构建

一、水资源管理的组织体系

组织体系是按照一定的目的和程序组成的一种权责结构体系。水资源管理的组织体系是关于水资源管理活动中的组织结构、职权和职责划分等的总称。

我国是世界上开发利用水资源、防治水患最早的国家之一，很早就设有水行政管理机构。中华人民共和国成立后，中央人民政府设立水利部，而农田水利、水力发电、内河航运和城市供水分别由农业部、燃料工业部、交通部和建设部负责管理，水行政管理并不统一，在相当长的一段时间内，在国家一级部门之间水资源管理也是各行其责的分管形式。直到 20 世纪 80 年代初，由于"多龙治水"的局面影响到水资源的开发利用和保护治理，国务院规定由当时的水利电力部归口管理，并专门成立了全国水资源协调小组，负责解决部门之间在水资源立法、规划、利用和调配等方面的问题；1988 年，国家重新组建水利部，并明确规定水利部为国务院的水行政主管部门，负责全国水资源的统一管理工作；1994 年，国务院再次明确水利部是国务院水行政主管部门，统一管理全国水资源，负责全国水利行业的管理等职责。此后，在全国范围内兴起的水务体制改革则反映了我国水资源管理方式由分散管理模式向集中管理模式的转变。

在我国的水资源管理组织体系中，水利部是负责国家水资源管理的主要部门，其他各部门也管理部分水资源，如国土资源部门管理和监测深层地下水，国家环保部负责水环境保护与管理，建设部管理城市地下水的开发与保护，农业部负责建设和管理农业水利工程，省级组织中有水利部所属流域委员会和省属水利厅，更下级是各委所属流域管理局或水保局及市、县水利（务）局。两个组织系统并行共存，内部机构设置基本相似，功能也类似，不同之处是流域委员会管理范围以河流流域来界定，而地方政府水利部门只以行政区划来界定其管辖范围。我国水利部系统水资源管理组织体系见图 4-1。

二、水资源管理的法规体系

依法治国，是我国宪法所确定的治理国家的基本方略。水资源关系国民经济、社会发展的基础，在对水资源进行管理的过程中，也必须通过依法治水才能实现水资源开发、利用和保护的目的，满足经济、社会和环境协调发展的需要。

（一）法规体系基础

法规体系，也叫立法体系，是指国家制定并以国家强制力保障实施的规范性文件系统，是法的外在表现形式所构成的整体，比如，我国国务院制定和颁布的行政法规，省、自治区、直辖市人大及其常委会制定和公布的地方性法规等。水资源管理的法规体系就是现行的有关调整各种水事关系的所有法律、法规和规范性文件组成的有机整体，水法规体系的建立和完善是水资源管理制度建设的关键环节和基础保障。

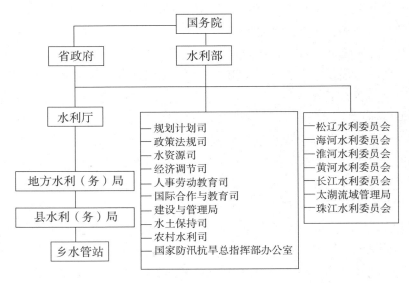

图4-1　中国水资源管理组织体系（水利部系统）

中国古代有关水资源管理的法规最早可追溯到西周时期，在我国西周时期颁布的《伐崇令》中规定："毋坏屋、毋填井、毋伐树木、毋动六畜。有不如令者，死无赦"，里面明令禁止填水井，是当时政府凭借着国家的行政力量保护水资源而实施的一种管水制度。这大概是我国古代最早颁布的关于保护水源、动物和森林的法令。此后，我国历代封建王朝都曾颁布过类似的法令。可以考证，自春秋、战国、秦、汉、唐、宋、元、明、清，一直到中华民国，我国历代王朝都比较重视水利事业的发展，修建了大量的水利工程，制定了较为细的水事法律制度。

在国外历史上也有很多国家制定了关于水资源开发、利用和保护等各项水事活动的综合性水法，有些国家还制定了水资源开发利用的专项法律：在欧洲，水法规则最早出现于罗马法系，其中著名的十二铜表法颁布于公元前450年前后，《查士丁尼民法大全》于公元534年完成，后来出现于大陆法系和英美普通法系的民法中以及后来的如美国的《水资源规划法规》，日本的《河川法》《水资源开发促进法》《水污染防治法》《防洪法》等专项法规。

我国近代于1933年颁布了《水利法草案》，1943年颁布实施《水利法》。此后，随着水问题的不断发展，我国水资源管理的法规也在不断修改与完善，新中国成立后，我国在水资源方面颁布了大量具有行政法规效力的规范性文件，如 1961 年的《关于加强水利管理工作的十条意见》，1965 年颁布的《水利工程水费征收使用和管理办法》，1982 年颁布的《水土保持工作条例》等。1984 年颁布施行的《中华人民共和国水污染防治法》是中华人民共和国的第一部水法律，1988 年颁布的《中华人民共和国水法》是我国调整各种水事关系的基本法。此后又颁布了《中华人民共和国环境保护法》《中华人民共和国水土保持法》《中华人民共和国防洪法》等法律。此外，国务院和有关部门还颁布了相关配套法规和规章，各省、自治区、直辖市也出台了大量地方性法规，这些法规和规章共同组成了一个比较科学和完整的水资源管理的法规体系。

针对形势的变化和一些新出现的问题，我国于 2002 年 8 月 29 日通过了修改后的《中华人民共和国水法》（以下简称《水法》），并于 2002 年 10 月 1 日开始实施。新《水法》吸收了十多年来国内外水资源管理的新经验、新理念，对原《水法》在实施实践中存在的问题做了重大修改。新《水法》规定，开发、利用、节约、保护水资源和防治水害，应当全面规划、统筹兼顾、标本兼治、综合利用、讲求效益，发挥水资源的多种功能，协调好生活、生产经营和生态用水，因此，水法对于合理开发、利用、节约和保护水资源，防治水害，实现水资源的可持续利用，适应国民经济和社会发展的需要具有重要意义。它的出台，标志着中国进入了依法治水的新阶段。

（二）水资源管理法规体系的作用、性质和特点

水资源管理的法规与其他法律规范一样，具有规范性、强制性、普遍性等特点，但因其主要规范与水资源开发、利用、保护等行为相关的过程中存在人与人的关系、人与自然的关系，它又具有其特殊的性质和特点。

1. 水资源管理法规体系的作用

水资源是人类赖以生存和发展的一种必需的自然资源，随着人类社会和经济的发展，对水资源的需求范围也越来越广，需求量越来越大。然而，水资源又是一种有限资源，因此，必然会出现水资源的供需矛盾。这一矛盾的加剧又会带来水资源在开发利用中人与人之间、人与自然之间的冲突发展。因此，必须用法律法规来规范人类的活动，进行有效的水资源管理。概括地说，水资源管理的法规体系，其主要作用就是借助国家强制力，对水资源开发、利用、保护、管理等各种行为进行规范，解决与水资源有关的各种矛盾和问题，实现国家的管理目标，具体表现在以下几个方面。

（1）确立水资源管理的体制。水资源管理是关系水资源可持续开发利用的事业，是关系国计民生的工作，其有效开展需要社会各界、方方面面的配合。因此，就需要建立高效的组织机构来承担指导和协调任务。一方面要确保有关水资源管理机构的权威性，另一方面要尽量避免管理机构及其人员滥用职权，有必要在有关水资源管理的法规中明确规定有关机构设置、分工、职责和权限，以及行使职权的程序。我国水资源管理的法规规定了我国对水资源实行流域管理与行政区域管理相结合的管理体制，这是我国水管理的基本原则。同时，科学界定了水行政主管部门、流域管理机构和有关部门的职责分工，明确了各级水行政主管部门和流域管理机构负责水资源统一管理和监督工作，各级人民政府有关部门按照职责分工负责水资源开发、利用、节约和保护的有关工作。

（2）确立一系列水资源管理制度和措施。水资源管理的法律法规明确了进行水资源管理的一系列制度，如水资源配置制度、取水许可制度、水资源有偿使用制度、水功能区划制度、排污总量管理制度、水质监测制度、排污许可审批制度和饮用水水源保护制度等，并以法律条文的形式明确了进行水资源开发、利用、保护的具体措施。这些具有可操作性的制度和措施，以法律的形式固定下来，成为有关主体必须遵守的行为规范，更好地指导人们进行水资源开发、利用和保护工作。

（3）确定有关主体的权利、义务和违法责任。各种水资源管理的法律法规规定了不同主体（指依法享有权利和承担义务的单位或个人，主要包括国家、国家机关、企事业单位、其他社会组织和公民个人）在水资源开发利用中的权利和义务，以及违反这些规定时应依法承担的法律责任。有关法规使人们明确什么样的行为是法律允许的，保障主体依法享有对水资源进行开发、利用的权利的同时，也使得主体明确什么行为是被禁止的，若违反法律规定要承担什么样的责任。只有对违法者进行了制裁，受害人的权利才能得到有效保障。通过对主体权利、义务和责任的规定，法规对人们的水事活动产生规范和引导作用，使其符合国家的管理目标，有利于促进水资源的可持续利用。

（4）为解决各种水事冲突提供了依据。各国水资源管理的法律法规中都明确规定了水事法律责任，并可以利用国家强制力保证其执行，对各种违法行为进行制裁和处罚，从而为解决各种水事冲突提供了依据，而且，明确的水事法律责任规定，使各行为主体能够预期自己行为的法律后果，从而在一定程度上避免了某些事故、争端的发生，或能够减少其不利影响。

（5）有助于提高人们保护水资源和生态环境的意识。通过对各种水资源管理相关的法律法规的宣传，对违法水事活动的惩处等，能够有效地提高不同群体、不同个人对节约用水、保护水资源和生态环境等理念的认识，这也是提高水资源管理效率，实现水资源可持续利用的根本。

2. 水资源管理法规体系的性质

对于法的性质，马克思主义法学认为，法是统治阶级意志的体现，是统治阶级意志的一种形态，而统治阶级意志的内容是由统治阶级的物质生活条件来决定的，指出了法的阶级性和社会性。

水资源管理法规是环境法的一个分支，而环境法是随着各国社会、经济的发展而产生的调整人们在资源开发利用中人与人之间关系的法律规范，是法律总体系中的一个重要组成部分，它具有一般法律的共性，也就是阶级性和社会性的统一，但其产生并不是因为阶级矛盾的不可调和，而是因为人与自然矛盾的加剧，现代环境法的目的（实现可持续发展）具有很强的公益性；而且，环境法的制定不但受统治阶级意志和社会规律制约，更受到客观自然规律的制约，因此，环境法的社会性更为突出。而水资源管理的法规体系，作为环境法体系的一部分，也具有阶级性和社会性统一、社会性更突出的特点。

3. 水资源管理法规体系的特点

水资源管理的有关法规，除具有普通法律法规所具备的规范性、强制性、普遍性等特点外，因其调节对象本身的原因，还具有以下特点。

（1）调整对象的特殊性。水资源管理的法律规范所调整的对象，与其他法律规范一样，也是人与人之间的关系。它通过各种相关的制度安排，规范人们的水事活动，明确人们在水资源开发利用当中的权利和义务关系，从而调整人与人之间的关系。但是，水资源管理的法律规范，其最终目的是通过调整人与人之间的关系达到调整人与自然关系的目的，促进人类社会与水资源、生态环境之间关系的协调。这也是所有环境法规的最终目的，通过间接调整人与人的关系，实现最终对人与自然关系的调整，但是，这一过程的实现又依赖于人类对人与自然关系认识的不断深入。

（2）技术性。水资源管理的法规调整对象包括了人与水资源、生态环境之间的关系，而水资源系统的演变具有其自身固有的客观规律，只有遵循这些自然规律才能顺利实现水资源管理的目标。同时，要制定能够实现既定管理目标的法律规范，必须依赖于人们对水资源相关的客观规律的研究和认识，这就使得水资源管理的法规具有了很强的科学技术性，众多的技术性规范，如水质标准、排放标准等都是水资源管理的法规体系中的基础。

（3）动态性。随着人类社会的发展，对水资源的需求不断增加，所面临的水问题也越来越复杂。因为相关的水问题是在不断发展、不断演化的，因此与其配套的水资源管理的法规必然也具有不断发展、不断演化的动态特性。

（4）公益性。水资源具有公利、公害双重特性。不管是规范水资源开发利用行为、促进水资源高效利用的法律制度安排，还是防治水污染、防洪抗旱的法律制度安排，都是为了实现人类社会的持续发展，具有公益性。

（三）水资源管理的法规体系分类

水资源管理的法规体系包括了一系列法律法规和规范性文件，按照不同的分类标准可以分为不同的类型。

从立法体制、效力等级、效力范围的角度，水资源管理的法规体系由宪法、与水有关的法律、水行政法规和地方性水法规等构成。

从水资源管理的法规内容、功能来看，水资源管理的法规体系应包括综合性水事法律和单项水事法律法规两大部分。综合性水事法律是有关水的基本法，是从全局出发，对水资源开发、利用、保护、管理中有关重大问题的原则性规定，如世界各国制定的《水法》《水资源法》等。单项水事法律法规则是为解决与水资源有关的某一方面的问题而进行的较具体的法律规定，如日本的《水资源开发促进法》，荷兰的《防洪法》《地表水污染防治法》等。目前，单项水事法律法规的立法主要从两个方面进行，分别是与水资源开发、利用有关的法律法规和与水污染防治、水环境保护有关的法律法规。

此外，水资源管理的法规体系还可以分为实体法和程序法；专门性的法律法规和与水资源有关的民事、刑事、行政法律法规；奖励性的法律法规和制裁性的法律法规等，对一些单项法律法规还可以根据所属关系或调整范围的大小分为一级法、二级法、三级法、四级法等。

（四）我国水资源管理的法规体系构成

我国从20世纪80年代以来，先后制定、颁布了一系列与水有关的法律法规，如《中华人民共和国水污染防治法》《中华人民共和国水法》《中华人民共和国水土保持法》《中华人民共和国防洪法》等。尽管我国进行水资源管理立法的时间较短，但立法数量却大大超过一般的部门法，初步形成了一个由中央到地方、由基本法到专项法再到法规条例的多层次水资源管理法规体系。下面将按照立法体制、效力等级的不同对我国水资源管理的法规体系进行介绍。

1. 宪法中的有关规定

宪法是一个国家的根本大法，具有最高法律效力，是制定其他法律法规的依据《中华人民共和国宪法》（以下简称《宪法》）中有关水的规定也是制定水资源管理相关的法律法规的基础。《宪法》第 9 条第 1、2 款分别规定，"水流属于国家所有，即全民所有""国家保障自然资源的合理利用"这是关于水资源权属的基本规定以及合理开发、利用和保护水资源的基本准则。对于国家环境保护方面的基本职责和总政策，《宪法》第 26 条做了原则性的规定，"国家保护和改善生活环境和生态环境，防治污染和其他公害。"

2. 基本法

1988 年颁布实施的《中华人民共和国水法》（以下简称《水法》）是我国第一部有关水的综合性法律，在整个水资源管理的法规体系中，处于基本法地位，其法律效力仅次于《宪法》，但由于当时认识上的局限以及资源法与环境法分别立法的传统，原《水法》偏重于水资源的开发、利用，而关于水污染防治、生态保护方面的内容较少。2002 年，在原《水法》的基础上经过修订，颁布了新的《水法》，内容更为丰富，是制定其他有关水资源管理的专项法律法规的重要依据。其主要内容如下。

新《水法》规定，水资源属于国家所有。水资源的所有权由国务院代表国家行使。农村集体经济组织的水塘和由农村集体经济组织修建管理的水库中的水，归各农村集体经济组织使用。

新《水法》第一章（总则）规定：国家对水资源依法实行取水许可制度和有偿使用制度。国家保护水资源，采取有效措施，保护植被，植树种草，涵养水源，防治水土流失和水体污染，改善生态系统。国家厉行节约用水，大力推行节约用水措施，推广节约用水新技术、新工艺，发展节水型工业、农业和服务业，建立节水型社会。各级人民政府应当采取措施，加强对节约用水的管理，建立节约用水技术开发推广体系，培育和发展节约用水产业单位和个人有节约用水的义务。

新《水法》第二章（水资源规划）规定：开发、利用、节约、保护水资源和防治水害，应当按照流域、区域统一制定规划。制定规划，必须进行水资源综合科学考察和调查评价。规划一经批准，必须严格执行。建设水工程，必须符合流域综合规划。在国家确定的重要江河、湖泊和跨省、自治区、直辖市的江河、湖泊上建设水工程，其工程可行性研究报告在报请批准前，有关流域管理机构应当对水工程的建设是否符合流域综合规划进行审查并签署意见；在其他江河、湖泊上建设水工程，其工程可行性研究报告报请批准前，县级以上地方人民政府水行政主管部门应当按照管理权限对水工程的建设是否符合流域综合规划进行审查并签署意见；水工程建设涉及防洪的，依照《防洪法》的有关规定执行；涉及其他地区和行业的，建设单位应当事先征求有关地区和部门的意见。

新《水法》第三章（水资源开发利用）规定：开发、利用水资源，应当坚持兴利与除害相结合，兼顾上下游、左右岸和有关地区之间的利益，充分发挥水资源的综合效益，并服从防洪的总体安排；应当首先满足城乡居民生活用水，并兼顾农业、工业、生态用水以及航运等需要，在干旱和半干旱地区，还应当充分考虑生态用水需要。国家鼓励开发、利用水能资源。在水能丰富的河流，应当有计划地进行多目标梯级开发。建设水力发电站，应当保护生态系统，兼顾防洪、供水、灌溉、航运、竹木流放和渔业等方面的需要。国家鼓励开发、利用水运资源在水生生物洄游通道、通航或者竹木流放的河流上修建永久性拦河闸坝，建设单位应当同时修建过鱼、过船、过木设施，或者经国务院授权的部门批准采取其他补救措施，并妥善安排施工和蓄水期间的水生生物保护、航运和竹木流放，所需费用由建设单位承担。

新《水法》第四章（水资源、水域和水工程的保护）规定：在制定水资源开发、利用规划和调度水资源时，应当注意维持江河的合理流量和湖泊、水库以及地下水的合理水位，维护水体的自然净化能力。从事水资源开发、利用、节约、保护和防治水害等水事活动，应当遵守经批准的规划；因违反规划造成江河和湖泊水域使用功能降低、地下水超采、地面沉降、水体污染的，应当承担治理责任。国家建立饮用水水源保护区制度；禁止在饮用水水源保护区内设置排污口；禁止在江河、湖泊、水库、运河、渠道内弃置、堆放阻碍行洪的物体和种植阻碍行洪的林木及高秆作物；禁止围湖造地，围垦河道。单位和个人有保护水工程的义务，不得侵占、毁坏堤防、护岸、防汛、水文监测、水文地质监测等工程设施。

新《水法》第五章（水资源配置和节约使用）规定：县级以上地方人民政府水行政主管部门或者流域管理机构应当根据批准的水最分配方案和年度预测来水量，制定年度水量分配方案和调度计划，实施水量统一调度；有关地方人民政府必须服从。国家对用水实行总量控制和定额管理相结合的制度。水行政主管部门根据用水定额、经济技术条件以及水量分配方案确定的可供本行政区域使用的水量，制定年度用水计划，对本行政区域内的年度用水实行总量控制直接从江河、湖泊或者地下取用水资源的单位和个人，应当按照国家取水许可制度和水资源有偿使用制度的规定，向水行政主管部门或者流域管理机构申请领取取水许可证，并缴纳水资源费，取得取水权。

新《水法》第六章（水事纠纷处理与执法监督检查）规定：不同行政区域之

间发生水事纠纷的，应当协商处理；协商不成的，由上一级人民政府裁决，有关各方必须遵照执行。在水事纠纷解决前，未经各方达成协议或者共同的上一级人民政府批准，在行政区域交界线两侧一定范围内，任何一方不得修建排水、阻水、取水和截（蓄）水工程，不得单方面改变水的现状。单位之间、个人之间、单位与个人之间发生的水事纠纷，应当协商解决；当事人不愿协商或者协商不成的，可以申请县级以上地方人民政府或者其授权的部门调解，也可以直接向人民法院提起民事诉讼。在水事纠纷解决前，当事人不得单方面改变现状。县级以上人民政府水行政主管部门和流域管理机构应当对违反《水法》的行为加强监督检查并依法进行查处。

新《水法》第七章（法律责任）规定：出现下列情况的将承担法律责任（包括刑事责任、行政处分、罚款等）：水行政主管部门或者其他有关部门以及水工程管理单位及其工作人员，利用职务上的便利收取他人财物、其他好处或者工作玩忽职守；在河道管理范围内建设妨碍行洪的建筑物、构筑物，或者从事影响河势稳定、危害河岸堤防安全和其他妨碍河道行洪的活动的；在饮用水水源保护区内设置排污口的；未经批准擅自取水以及未依照批准的取水许可规定条件取水的；拒不缴纳、拖延缴纳或者拖欠水资源费的；建设项目的节水设施没有建成或者没有达到国家规定的要求，擅自投入使用的；侵占、毁坏水工程及堤防、护岸等有关设施，毁坏防汛、水文监测、水文地质监测设施的；在水工程保护范围内，从事影响水工程运行和危害水工程安全的爆破、打井、采石、取土等活动的；侵占、盗窃或者抢夺防汛物资，防洪排涝、农田水利、水文监测和测量以及其他水工程设备和器材，贪污或者挪用国家救灾、抢险、防汛、移民安置和补偿及其他水利建设款物的；在水事纠纷发生及其处理过程中煽动闹事、结伙斗殴、抢夺或者损坏公私财物、非法限制他人人身自由的；拒不执行水量分配方案和水量调度预案的，拒不服从水量统一调度的，拒不执行上一级人民政府的裁决的，引水、截（蓄）水、排水损害公共利益或者他人合法权益的。

3. 单项法规

在我国水资源管理的法规体系中，除了有基本法，还针对我国水污染防治、水土保持、洪水灾害防治等的需要，制定了《中华人民共和国水污染防治法》《中华人民共和国水土保持法》和《中华人民共和国防洪法》等专项法律，为我国水资源保护、水土保持、洪水灾害防治等工作的顺利开展提供了法律依据，

4. 由国务院制定的行政法规和法规性文件

从 1985 年《水利工程水费核定、计收和管理办法》到 2014 年《南水北调工

程供用水管理条例》，期间由国务院制定的与水有关的行政法规和法规性文件很多，内容涉及水利工程的建设和管理、水污染防治、水量调度分配、防汛、水利经济、流域规划等众多方面。如《中华人民共和国河道管理条例》（1988年）《中华人民共和国防汛条例》（1991年）《国务院关于加强水土保持工作的通知》（1993年）和《中华人民共和国水土保持法实施条例》（1993年）、《取水许可制度实施办法》（1993年）、《中华人民共和国抗旱条例》（2009年）、《城镇排水与污水处理条例》（2013年）等，与各种综合性法律相比，这些行政法规和法规性文件的规定更为具体、详细。

5. 由国务院及所属部委制定的相关部门行政规章

由于我国水资源管理在很长一段时间内实行的是分散管理的模式，因此不同部门从各自管理范围、职责出发，制定了很多与水有关的行政规章，以环境保护部门和水利部门分别形成的两套规章系统为代表，环境保护部门侧重于水质、水污染防治，主要是针对排放系统的管理，出台的相关行政规章主要有：管理环境标准、环境监测的《环境标准管理办法》（1983）、《全国环境监测管理条例》（1983）、《城镇排水与污水处理条例》（2013）；管理各类建设项目的《建设项目环境管理办法》（1986）及其《程序》（1990）；行政处罚类的《环境保护行政处罚办法》（1992）及《报告环境污染与破坏事故的暂行办法》（2006）；排污管理方面的《水污染物排放许可证管理暂行办法》（1988）、《排放污染物申报登记管理规定》（1992）、《征收排污费暂行办法》（1982）、《关于增设"排污费"收支预算科目的通知》（1982）、《征收超标准排污费财务管理和会计核算办法》（1984）等。水利部门则侧重于水资源的开发、利用，出台的相关行政规章主要有：涉及水资源管理方面的，如《取水许可申请审批程序规定》（1994）、《取水许可水质管理办法》（1995）、《取水许可监督管理办法》（1996）、《实行最严格水资源管理制度考核办法》（2013）等；涉及水利工程建设方面的，如《水利工程建设项目管理规定》（1995）、《水利工程质量监督管理规定》（1997）、《水利工程质量管理规定》（1997）、《三峡水库调度和库区水资源与河道管理办法》（2008）等；有关水利工程管理、河道管理的，如《水库大坝安全鉴定办法》（1995）、《关于海河流域河道管理范围内建设项目审查权限的通知》（1997）、《南水北调工程供用水管理条例》（2014）等；关于水文、移民方面的，如《水利部水文设备管理规定》（1993）、《水文水资源调查评价资质和建设项目水资源论证资质管理办法（试行）》（2003）；以及关于水利经济方面的，如《关于进一步加强水利国有资产产权管理的通知》

（1996）、《水利旅游区管理办法（试行）》（1999）等。

6. 地方性法规和行政规章

水资源时空分布往往存在很大差异，不同地区的水资源条件、面临的主要水资源问题以及地区经济实力等都各不相同，因此水资源管理需要因地制宜地展开，各地方可制定与区域特点相符合、能够切实有效解决区域问题的法律法规和行政规章。目前，我国已颁布了很多与水有关的地方性法规、省级政府规章及规范性文件。

7. 各种相关标准

为了方便水资源管理工作的开展，控制水污染，保护水资源，保证水环境质量，保护人体健康和财产安全，由行政机关根据立法机关的授权而制定和颁布的各种相关标准，同样具有法律效力，是水资源管理的法规体系的重要组成部分。如《地面水环境质量标准》（GB3838—83）（1983）、《渔业水质标准》（TJ35—1979）（1979），《农田灌溉水质标准》（1985）、《生活饮用水卫生标准》（GB5749—1985）（1985）、《景观娱乐用水水质标准》（GB12941—1991）（1991）、《污水综合排放标准》（GB8978—1996）（1996）和其他各行业分别执行的标准等，这些标准一经批准发布，各有关单位必须严格贯彻执行，不得擅自变更或降低。

8. 立法机关、司法机关的相关法律解释

这是指由立法机关、司法机关对以上各种法律、法规、规章、规范性文件做出的说明性文字，或是对实际执行过程中出现问题的解释、答复，大多与程序、权限、数量等问题相关。如《全国人大常委会法制委员会关于排污费的种类及其适用条件的答复》《关于"特大防汛抗旱补助费使用管理办法"修订的说明》（1999年）等，这些都是水资源管理法规体系的有机构成。

9. 其他部门法中相关的法律规范

由于水资源问题涉及社会生活的各个方面，除以上直接与水有关的综合性法律、单项法规、行政法规和部门规章外，其他的部门法如《中华人民共和国民法通则》《中华人民共和国刑法》《中华人民共和国农业法》中的有关规定也适用于水法律管理。

三、水资源管理的制度体系

水资源管理是一项十分复杂的工作，除必须有一套严格的组织体系、法规体系外，还应该不断提升形成一套适合本区域水资源管理的、对一般行为有约束的制度体系。水资源管理制度体系是特定条件下的水资源管理模式，是对执行的水资源管理方式的高度概括和行动指南。从包含关系上看，制度体系应该包括组织体系、法规体系、技术标准体系等，是水资源管理约束性条文的总称。

（一）国外流行的水资源综合管理制度介绍

水资源综合管理（IWRM）起源于20世纪90年代，之后又得到不断的改进和发展，是目前国际上比较流行的主流水资源管理模式，甚至被很多人认为是解决水资源问题的唯一可行的办法。[a]

尽管水资源综合管理如此重要，但世界范围内尚没有一个明确、清晰且被大家广为接受的定义，甚至称谓也比较多，水资源综合管理也常被称为水资源一体化管理、水资源统一管理、水资源集成管理等。目前，比较有代表性的定义是全球水伙伴组织（Global Water Partnership，简称GWP）给出的定义："水资源综合管理是以公平的方式、在不损害重要生态系统可持续性的条件下，促进水、土及相关资源的协调开发和管理，从而使经济和社会财富最大化的过程。"

水资源综合管理是在当前水资源短缺、水环境污染、洪涝灾害频发等水问题不断加剧的情况下提出的一种水资源管理新思路、新方法，人们期待着通过水资源综合管理的实施来有效地解决水问题，促进水资源可持续利用，这是全球水行业的美好愿望，也是水资源综合管理被赋予的艰巨任务。

水资源综合管理的实质如下：

（1）坚持可持续发展的理念。保障当代人之间，当代人与后代人之间，以及人与自然之间公平合理地利用水资源，实现水资源可持续利用。

（2）把流域或区域水资源看成一个系统来开发利用和保护。将河流上下游、左右岸、干支流、水量与水质、地表与地下水、兴利与除害、开发与保护等均作为一个完整的系统进行统一管理。

（3）采用综合的措施进行水资源管理是一项十分复杂的工作，需要多种措施综合运用，包括行政的手段、法律的手段、经济杠杆、宣传教育、知识普及、科学技术运用等。

（4）依靠完善的制度体系。针对水资源管理的自然属性和社会属性，需要建立一套适应水资源流动性、多功能性、环境属性、自然-社会相联系的统一管理制度体系，包括行政管理、法律法规、技术标准等，这些制度是水资源综合管理的重要保障。

（5）充分考虑水资源开发保护与经济社会协调发展。水资源是经济社会发展

---

a 林洪孝.水资源管理理论与实践［M］.北京：中国水利水电出版社，2003.

的重要基础资源，随着经济社会的发展，对水资源的需求不断增加，水资源又是有限的，为了保障水资源可持续利用，必须限制人们用水无限增加的行为，实现协调发展。

（6）实现综合效益最大化。通过一系列措施的实施和统一管理，实现经济效益、社会效益、环境效益、综合效益最大的目标，使有限的水资源为人类带来尽可能多的效益。

自 20 世纪 90 年代提出水资源综合管理以来，学术界做了大量的研究工作，实践中也取得了很多成就，涌现出许许多多有重要意义的应用范例，比如，欧盟成员国开展的以流域为单元的水资源综合管理研究和实践工作，2000 年颁布和执行欧盟水框架指令，进行了相关的立法，并开展了大量水资源综合管理的研究和实践工作。可以说，世界上几乎所有国家都认为水资源综合管理是解决目前复杂水问题的一个很好的办法，大多数国家已完成或正在进行水资源综合管理和用水效能计划的制订。我国很早就伴随着国际社会一起开展了很多关于水资源综合管理的讨论，也在我国的一些省市（如福建）、一些流域（如海河、淮河流域）开展实践应用，为我国水资源有效管理做出重要的贡献。

（二）我国现行的最严格水资源管理制度介绍

我国水资源时空分布极不均匀，人均占有水资源量少，经济社会发展相对较落后，水资源短缺、水环境污染极其严重，在这种背景下迫切需要实行更加合理有效的水资源管理方式。最严格水资源管理制度也就是在这一背景下提出并得以实施的，就是希望通过制定更加严格的制度，从取水、用水、排水三方面进行严格控制。

最严格水资源管理制度最早是于 2009 年提出的，2010 年"中国水周"的宣传主题定为"严格水资源管理，保障可持续发展"。2011 年中央一号文件明确提出要"实行最严格的水资源管理制度，确保水资源的可持续利用和经济社会的可持续发展"。2012 年 1 月，国务院发布了《国务院关于实行最严格水资源管理制度的意见》（国发〔2012〕3 号）文件，对实行最严格水资源管理制度做出全面部署和具体安排。2013 年 1 月，国务院又发布了《实行最严格水资源管理制度考核办法》（国发〔2013〕2 号）文件，对实行最严格水资源管理制度考核办法进行具体规定。这说明实行最严格的水资源管理制度是当前和今后一个时期水资源管理的主旋律，也是解决当前一系列日益复杂的水资源问题，实现水资源高效利用和有效保护的根本途径。

最严格水资源管理制度的主要内容包括"三条红线"和"四项制度"。最严格水资源管理制度的核心是确立"三条红线"，具体是：水资源开发利用控制红线，严格控制取用水总量；用水效率控制红线，坚决遏制用水浪费；水功能区限制纳污红线，严格控制入河湖排污总量。实际上是在客观分析和综合考虑我国水资源禀赋情况、开发利用状况、经济社会发展对水资源需求等方面的基础上，提出了今后一段时期我国在水资源开发利用和节约保护方面的管理目标，以实现水资源的有序、高效和清洁利用。"三条红线"的目标要求，是国家为保障水资源可持续利用，在水资源的开发、利用、节约、保护各个环节划定的管理控制红线，为实现"三条红线"的目标，在《国务院关于实行最严格水资源管理制度的意见》（国发〔2012〕3号）文件中提出了2015年和2020年在用水总量、用水效率和水功能区限制纳污方面的目标指标，这些目标指标与流域及区域的水资源承载能力相适应，是一定时期一定区域生产力发展水平、经济发展结构、社会管理水平和水资源管理的综合反映。

最严格水资源管理的"四项制度"是指：用水总量控制制度、用水效率控制制度、水功能区限制纳污制度、水资源管理责任和考核制度。这"四项制度"是一个整体，其中用水总量控制制度、用水效率控制制度、水功能区限制纳污制度是实行最严格水资源管理"三条红线"的具体内容，水资源管理责任和考核制度是落实前三项制度的基础保障。只有在明晰责任、严格考核的基础上，才能有效发挥"三条红线"的约束力，实现最严格水资源管理制度的目标。

用水总量控制制度、用水效率控制制度、水功能区限制纳污制度相互联系，相互影响，具有联动效应。严格执行用水总量控制制度，有利于促进用水户改进生产方式，提高用水效率；严格执行用水效率控制制度，在生产相同产品的条件下会减少取用水量；严格用水总量和用水效率管理，有利于促进企业改善生产工艺和推广节水器具，提高水资源循环利用水平，有效减少废污水排放和进入河湖水域，保护和改善水体功能。通过"总量""效率"和"纳污"三条红线，对水资源开发利用进行全过程管理，对水资源的"量""质"统一管理，才能全面发挥水体的支持功能、供给功能、调节功能和文化功能。任何一项制度缺失，都难以有效应对和解决我国目前面临的复杂水问题，难以实现水资源有效管理和可持续利用。

最严格水资源管理制度的实质是：以科学发展观为指导，以维护人民群众的根本利益为出发点和落脚点，以实现人水和谐为核心理念，以水资源配置、节约和保护为工作重心，以统筹兼顾为根本方法，以坚持改革创新为推进管理的不竭动力，统筹协调水资源承载能力、经济社会发展用水安全和水生态与环境安全，着力推进从供水管理向需水管理转变，从水资源开发利用优先向节约保护优先转变，从事后治理向事前预防转变，从过度开发、无序开发向合理开发、有序开发转变，从水资源粗放利用向高效利用转变，从注重行政管理向综合管理转变。

第五章　水利工程建设基础

第一节　水利工程建设概述

一、水利工程的类别划分

水利工程是用于控制和调配自然界的地表水和地下水，达到除害兴利目的而修建的工程，也称为水工程，包括防洪、排涝、灌溉、水力发电、引（供）水、滩涂治理、水土保持、水资源保护等各类工程。水是人类生产和生活必不可少的宝贵资源，但其自然存在的状态并不完全符合人类的需要。只有修建水利工程，才能控制水流，防止洪涝灾害，并进行水量的调节和分配，以满足人民生活和生产对水资源的需要。水利工程主要服务于防洪、排水、灌溉、发电、水运、水严、工业用水、生活用水和改善环境等方面[a]。

（一）按照工程功能或服务对象划分

（1）防洪工程：防止洪水灾害的防洪工程。

（2）农业生产水利工程：为农业、渔业服务的水利工程总称，具体包括：①农田水利工程——防止旱、涝、渍灾，为农业生产服务的农田水利工程（或称灌溉和排水工程）；②渔业水利工程——保护和增进渔业生产的渔业水利工程；③海涂围垦工程——围海造田，满足工农业生产或交通运输需要的海涂围垦工程等。

（3）水力发电工程：将水能转化为电能的水力发电工程。

（4）航道和港口工程：改善和创建航运条件的航道和港口工程。

（5）供（排）水工程：为工业和生活用水服务，并处理和排除污水和雨水的城镇供水和排水工程。

---

a　李京文.水利工程管理发展战略［M］.北京：方志出版社，2016.

（6）环境水利工程：防止水土流失和水质污染，维护生态平衡的水土保持工程和环境水利工程。

一项水利工程同时为防洪、灌溉、发电、航运等多种目标服务的，称为综合利用水利工程。

（二）按照水利工程投资主体划分

（1）中央政府投资的水利工程。这种投资也称国有工程项目。这样的水利工程一般都是跨地区、跨流域，建设周期长、投资数额巨大的水利工程。对社会和群众的影响范围广大而深远，在国民经济的投资中占有一定比重，其产生的社会效益和经济效益也非常明显。如黄河小浪底水利枢纽工程、长江三峡水利枢纽工程、南水北调工程等。

（2）地方政府投资兴建的水利工程。有一些水利工程属地方政府投资的，也属国有性质，仅限于小流域、小范围的中型水利工程，但其作用并不小，在当地发挥的作用相当大，不可忽视。也有一部分是国家投资兴建的，之后又交给地方管理的项目，这也属于地方管辖的水利工程，如陆浑水库、尖岗水库等。

（3）集体兴建的水利工程。这是计划经济时期大集体兴建的项目，由于农村经济体制改革，又加上长年疏于管理，这些工程有的已经废弃，有的处于半废状态，只有一小部分还在发挥着作用。其实大大小小、星罗棋布的小型水利设施，仍在防洪抗旱方面发挥着不小的作用，例如以前修的引黄干渠，农闲季节开挖的排水小河、水沟等。

（4）个体兴建的水利工程。这是在改革开放之后，特别是在 20 世纪 90 年代之后才出现的。这种工程虽然不大，但一经出现便表现出很强的生命力，既有防洪、灌溉功能，又有恢复生态的功能，还有旅游观光的功能，工程项目管理得也好，这正是局部地区应当提倡和兴建的水利工程。

（三）按照规模大小分类

（1）按水利部的管理规定划分。水利基本建设项目根据其规模和投资额分为大中型项目和小型项目。

大中型项目是指满足下列条件之一的项目：

①堤防工程：一、二级堤防

②水库工程：总库容 1 亿 m^3 以上

③水电工程：电站总装机容量 5 万 kW 以上

④灌溉工程：灌溉面积 30 万亩以上

⑤供水工程：日供水 10 万 t 以上

⑥总投资在国家规定限额（3000万元）以上的项目

小型项目是指上述规模标准以下的项目。

（2）按照水利行业标准划分。按照《水利水电工程等级划分及洪水标准》（SL 252—2017）的规定，水库工程项目总库容在 0.1 亿～1 亿 m^3 的为中型水库，总库容大于 1 亿 m^3 的为大型水库；灌区工程项目灌溉面积在 5 万～50 万亩的为中型灌区，灌溉面积大于 50 万亩的为大型灌区；供水工程项目工程规模以供水对象的重要性分类；拦河闸工程项目过闸流量在 100～1000 m^3/s 的为中型项目，过闸流量大于 1000 m^3/s 的为大型项目。

二、水利工程的特征分析

水利工程原是土木工程的一个分支，但随着水利工程本身的发展，逐渐具有自己的特点，以及在国民经济中的地位日益重要，并已成为一门相对独立的技术学科，具有以下几大特征：

第一，规模大，工程复杂。水利工程一般规模大，工程复杂，工期较长。工作中涉及天文地理等自然知识的积累和实施，其中又涉及各种水的推力、渗透力等专业知识与各地区的人文风情和传统。水利工程的建设时间很长，需要几年甚至更长的时间准备和筹划，人力物力的消耗也大。例如丹江口水利枢纽工程、三峡工程等。

第二，综合性强，影响大。水利工程的建设会给当地居民带来很多好处，消除自然灾害。可是由于兴建会导致人与动物的迁徙，有一定的生态破坏，同时也要与其他各项水利有机组合，符合国民经济的政策。为了使损失和影响面缩小，就需要在工程规划设计阶段系统性、综合性地进行分析研究，从全局出发，统筹兼顾，达到经济和社会环境的最佳组合。

第三，效益具有随机性。每年的水文状况或其他外部条件的改变会导致整体的经济效益的变化。农田水利工程还与气象条件的变化有密切联系。

第四，对生态环境有很大影响。水利工程不仅对所在地区的经济和社会产生影响，而且对江河、湖泊以及附近地区的自然面貌、生态环境、自然景观都将产生不同程度的影响。甚至会改变当地的气候和动物的生存环境。这种影响有利有弊。

从正面影响来说，主要是有利于改善当地水文生态环境，修建水库可以将原来的陆地变为水体，增大水面面积，增加蒸发量，缓解局部地区在温度和湿度上的剧烈变化，在干旱和严寒地区尤为适用；可以调节流域局部小气候，主要表现在降雨、气温、风等方面。由于水利工程会改变水文和径流状态，因此会影响水质、水温和泥沙条件，从而改变地下水补给，提高地下水位，影响土地利用。

从负面影响来说，由于工程对自然环境进行改造，势必会产生一定的负面影响。以水库为例，兴建水库会直接改变水循环和径流情况。从国内外水库运行经验来看，蓄水后的消落区可能出现滞流缓流，从而形成岸边污染带；水库水位降落侵蚀，会导致水土流失严重，加剧地质灾害发生；周围生物链改变、物种变异，影响生态系统稳定。任何事情都有利有弊，关键在于如何最大限度地削弱负面影响。

随着技术的进步，水利工程的作用，不仅要满足日益增长的人民生活和工农业生产发展对水资源的需要，而且要更多地为保护和改善环境服务。

三、水利工程建设流程

（一）前期设计工作

水利工程建设项目根据国家总体规划以及流域综合规划，开展前期工作。水利工程建设项目前期设计工作包括提出项目建议书、可行性研究报告和初步设计（或扩大初步设计）。项目建议书和可行性研究报告由项目所属的行政主管部门组织编制，报上级政府主管部门审批。大中型及限额以上水利工程项目由水利部提出初审意见（水利部一般委托水利部水利水电规划设计总院或项目所属流域机构进行初审）报国家发展和改革委员会（以下简称国家发改委）（国家发改委一般委托中国工程投资咨询公司进行评估）审批。初步设计由项目法人委托具备相应资质的设计单位负责设计，报项目所属的行业主管部门审批。

（1）提出项目建议书阶段。项目建议书应根据国民经济和社会发展规划、流域综合规划、区域综合规划、专业规划，按照国家产业政策和国家有关建设投资方向，经过调查、预测，提出建设方案并经初步分析论证进行建议书的编制，是对拟进行建设项目的必要性和可能性提出的初步说明。水利工程的项目建议书一般由项目主管单位委托具有相应资质的工程咨询或设计单位编制。

堤防加高、加固工程，病险水库除险加固工程，拟列入国家基本建设投资年度计划的大型灌区改造工程，节水示范工程，水土保持、生态建设工程以及小型省际边界工程可简化立项程序，直接编制项目可行性研究报告申请立项。

报批程序为：大中型项目、中央项目、中央全部投资或参与投资的项目，由

---

a　王海雷，王力，李忠才.水利工程管理与施工技术［M］.北京：九州出版社，2018.

国家发改委审批。小型或限额以下工程项目，按隶属关系，由各主管部门或省、自治区、直辖市和计划单列市发展改革委员会审批。

（2）可行性研究报告阶段。根据批准的项目建议书，可行性研究报告应对项目进行方案比较，对技术是否可行和经济上是否合理进行充分的科学分析和论证。可行性研究是项目前期工作最重要的内容，它从项目建设和运行的全过程分析项目的可行性，其结论为投资者最终决策提供直接的依据。经过批准的可行性研究报告，是初步设计的重要依据。水利工程的可行性研究报告一般由项目主管部门委托具有相应资格的设计单位或咨询单位编制。可行性研究报告报批时，应将项目法人组建机构设置方案和经环境保护主管部门审批通过的项目环境影响评价报告同时上报。

对于总投资 2 亿元以下的病险水库除险加固，可直接编制初步设计报告。

可行性研究报告审批程序与项目建议书一致，可行性研究报告审批通过后，项目即立项。

（3）初步设计阶段。根据批准的可行性研究报告开展的初步设计是在满足设计要求的地质勘查工作及资料的基础上，对设计对象进行通盘研究，进一步详细论证拟建项目工程方案在技术上的可行性和经济上的合理性，确定项目的各项基本参数，编制项目的总概算。其中概算静态总投资原则上不得突破已批准的可行性研究报告估算的静态总投资。由于工程项目基本条件发生变化，引起工程规模、工程标准、设计方案、工程量的改变，其静态总投资超过可行性研究报告相应估算静态总投资 15% 以下时，要对工程变化内容和增加投资提出专题分析报告。超过 15% 以上时，必须重新编制可行性研究报告并按原程序报批。

初步设计报告按照《水利水电工程初步设计报告编制规程》编制，同时上报项目建设及建成投入使用后的管理机构的批复文件和管理维护经费承诺文件。经批准后的初步设计主要内容不得修改或变更，并作为项目建设实施的技术文件基础。在工程项目建设标准和概算投资范围内，依据批准的初步设计原则，一般非重大设计变更、生产性子项目之间的调整，由主管部门批准。在主要内容上有重要变动或修改（包括工程项目设计变更、子项目调整、概算调整）等，应按程序上报原批准机关复审同意。

（二）实施工作

（1）施工准备阶段。水利工程建设项目初步设计文件已批准，项目投资来源基本落实，可以进行主体工程招标设计、组织招标工作以及现场施工准备等工作。

施工准备阶段任务主要包括工程项目的招投标（监理招投标、施工招投标）、征地移民、施工临建和"四通一平"（即通水、通电、通信、通路、场地平整）工作等。同时项目法人需向主管部门办理质量监督手续和办理开工报告等。

项目法人或建设单位向主管部门提出主体工程开工申请报告，按审批权限，经批准后，方能正式开工。

主体工程开工，必须具备五个条件：①前期工程各阶段文件已按规定批准；②建设项目已列入国家或地方的年度建议计划，年度建设资金已落实；③主体工程招标已经决标，工程承包合同已经签订，并得到主管部门同意；④现场施工准备和征地移民等建设外部条件能够满足主体工程开工需要；⑤施工详图设计可以满足初期主体工程施工需要。

（2）建设实施阶段。工程建设项目的主体工程开工报告经批准后，监理工程师应对承包人的施工准备情况进行检查，经检查确认能够满足主体工程开工的要求，总监理工程师即可签发主体工程开工令，标志着工程正式开工，工程建设由施工准备阶段进入建设实施阶段。

项目建设单位要按批准的建设文件，充分发挥管理的主导作用，协调设计、监理、施工以及地方等各方面的关系，实行目标管理。建设单位应与设计、监理、工程承包等单位签订合同，各方应按照合同，严格履行。

第一，项目建设单位要建立严格的现场协调或调度制度。及时研究解决设计、施工的关键技术问题。从整体效益出发，认真履行合同，积极处理好工程建设各方的关系，为施工创造良好的外部条件。

第二，监理单位受项目建设单位委托，按合同规定，在现场从事组织、管理、协调、监督工作。同时，监理单位要站在独立公正的立场上，协调建设单位与施工等单位之间的关系。

第三，设计单位应按合同和施工计划及时提供施工详图，并确保设计质量。按工程规模，派出设计代表组进驻施工现场，解决施工中出现的与设计有关的问题。施工详图经监理单位审核后交承包人施工。设计单位应对施工过程中提出的合理化建议认真分析、研究并迅速回复，并及时修改设计，如不能采纳应予以说明原因，若有意见分歧，由建设单位组织设计、监理、施工，有关各方共同分析研究，形成结论意见备案。如涉及初步设计重大变更问题，应由原初步设计批准部门审定。

第四，施工企业要切实加强管理，认真履行签订的承包合同。在每一子项目实施前，要将所编制的施工计划、技术措施及组织管理情况报项目建设单位或监理人审批。

（三）收尾工作

（1）生产准备阶段。生产准备是为保证工程竣工投产后能够有效发挥工程效益而进行的机构设置、管理制度制定、人员培训、技术准备、管理设施建设等工作。

近年来，由于国家积极推行项目法人责任制，项目的筹建、实施、运行管理全部由项目法人负责，项目法人在筹建、实施中就项目未来的运行管理等方面做出了规划和准备，建设管理人员基本都参与到未来项目的运行管理中，为项目的有效运行提前做好了准备。项目法人制的推行，使得项目建设与运行管理脱节问题得到了有效解决。

（2）工程验收阶段。水利工程验收是全面考核建设项目成果的主要程序，要严格按国家和水利部颁布的验收规程进行。

①阶段验收。阶段验收是工程竣工验收的基础和重要内容，凡能独立发挥作用的单项工程均应进行阶段验收，如截流（包括分期导流）、下闸蓄水、机组起动、通水等，都是重要的阶段验收。

②专项验收。专项验收是对服务于主体工程建设的专项工程进行的验收，包括征地移民专项验收、环境保护工程专项验收、水土保持工程专项验收和工程档案专项验收。专项验收的程序和要求按照水利行业有关部门的要求进行，专项工程不进行验收的项目，不得进行工程竣工验收。

③工程竣工验收。工程竣工验收应注意：第一，工程基本竣工时，项目建设单位应按验收标准要求组织监理、设计、施工等单位提出有关报告，并按规定将施工过程中的有关资料、文件、图纸造册归档。第二，在正式竣工验收之前，应根据工程规模由主管部门或由主管部门委托项目建设单位组织初步验收，对初验查出的问题应在正式验收前解决。第三，质量监督机构要对工程质量提出评价意见。第四，验收主持部门根据初验情况和项目建设单位的申请验收报告，决定竣工验收具体有关事宜。

此外，国家重点水利建设项目由国家发展和改革委员会会同水利部主持验收。部属重点水利建设项目由水利部主持验收。部属其他水利建设项目由流域机构主持验收，水利部进行指导。中央参与投资的地方重点水利建设项目由省（自治区、直辖市）政府会同水利部或流域机构主持验收。地方水利建设项目由地方水利主管部门主持验收。其中，大型建设项目验收，水利部或流域机构派员参加；重要中型建设项目验收，流域机构派员参加。

（3）项目后评价阶段。水利工程项目后评价是水利工程基本建设程序中的一个重要阶段，是对项目的立项决策、设计施工、竣工生产、生产运营等全过程的工作及其变化的原因，进行全面系统的调查和客观的对比分析所做的综合评价。其目的是通过工程项目的后评价，总结经验，吸取教训，不断提高项目决策、工程实施和运营管理水平，为合理利用资金、提高投资效益、改进管理、制定相关政策等提供科学依据。

①项目后评价组织。水利工程建设项目的后评价组织层次一般分为三个：项目法人的自我评价、本行业主管部门的评价和项目立项审批单位组织的评价。

②项目后评价的依据。项目后评价的依据为项目各阶段的正式文件，主要包括项目建议书、可行性研究报告、初步设计报告、施工图设计及其审查意见、批复文件，概算调整报告，施工阶段重大问题的请示及批复，工程竣工报告，工程验收报告和审计后的工程竣工决算及主要图纸等。

③后评价的方法。后评价的方法包括以下几个：

统计分析法：包括项目已经发生事实的总结以及对项目未来发展的预测。因此，在后评价中，只有具有统计意义的数据才是可比的。后评价时点的统计数据是评价对比的基础，后评价时点的数据是对比的对象，后评价时点以后的数据是预测分析的依据。根据这些数据，采用统计分析的方法，进行评价预测，然后得出结论。

有无对比法：后评价方法的一条基本原则是对比原则，包括前后对比，预测和实际发生值的对比，有无项目的对比法是通过对比找出变化和差距，为分析问题找出原因。

逻辑框架法：这是一种概念化论述项目的方法，即用一张简单的框图来分析一个复杂项目的内涵和关系，将几个内容相关、必须同步考虑的动态因素组合起来，通过分析其中的关系，从设计、策划、目的、目标等角度来评价一项活动或工作。它是事物的因果逻辑关系，即"如果"提供了某种条件，"那么"就会产生某种结果；这些条件包括事物内在的因素和事物所需要的外部因素。此方法为项目计划者或者评价者提供一种分析框架，用来确定工作的范围和任务，为达到目标进行逻辑关系的分析。

④项目后评价成果。项目后评价报告是评价结果的汇总，应真实反映情况，客观分析问题，认真总结经验。同时后评价报告也是反馈经验教训的主要文件形式，必须满足信息反馈的需要。

项目后评价报告的编写要求：报告文字准确清晰，尽可能不用过分专业化的词汇，包括摘要、项目概况、评价内容、主要变化和问题、原因分析、经验教训、结论和建议、评价方法说明等。

项目后评价报告的内容：a.项目背景，包括项目的目标和目的、建设内容、项目工期、资金来源与安排、后评价的任务要求以及方法和依据等；b.项目实施评价，包括项目设计、合同情况，组织实施管理情况，投资和融资、项目进度情况；c.效果评价，包括项目运营和管理评价、财务状况分析、财务和经济效益评价、环境和社会效果评价、项目的可持续发展状况；d.结论和经验教训，包括项目的综合评价、结论、经验教训、建议对策等。

项目后评价报告格式：报告的基本格式包括报告的封面（包括编号、密级、后评价者名称、日期等）、封面内页（世行、亚行要求说明的汇率、英文缩写及其他需要说明的问题）、项目基础数据、地图、报告摘要、报告正文（包括项目背景、项目实施评价、效果评价、结论和经验教训）、附件（包括项目的自我评价报告、项目后评价专家组意见、其他附件）、附表（图）（包括项目主要效益指标对比表、项目财务现金流量表、项目经济效益费用流量表、企业效益指标有无对比表、项目后评价逻辑框架图、项目成功度综合评价表）。

第二节　水利工程建设的常规程序

建设程序是指建设项目从决策、设计施工到竣工验收整个建设过程中各个阶段、各环节、各项工程之间存在和必须遵守的先后顺序与步骤，是工程建设活动客观规律（包括自然规律和经济规律）的反映，是保证工程质量和投资效果的基本要求，是水利水电工程建设项目管理的重要工作。受工程建设自身规律的制约，各个国家在工程建设程序上，根据其管理体制和政策法规的要求，虽有不同的特点，但总体上看，整个过程的重大环节的先后顺序和相互关系都是一致的。

根据我国基本建设实践，水利水电工程基本建设程序可以分为四大阶段八个环节[a]：

第一阶段是项目建设项目决策投资阶段，它包括根据资源条件和国民经济长远发展规划，进行流域或河段规划，提出项目建议书；进行可行性研究和项目评估，编制可行性研究报告。

---

a 王海雷，王力，李忠才.水利工程管理与施工技术［M］.北京：九州出版社，2018.

第二阶段是项目勘察及初步设计阶段。

第三个阶段是项目建设施工阶段，它包括建设前期施工准备（包括招标设计）、全面建设施工和生产（投产）准备工作。

第四阶段是项目竣工验收和交付使用，生产运行一定时间后，对建设项目进行后评价。

一、水利水电工程建设的第一阶段

（一）流域规划，项目建议书

流域规划是在对该流域的自然地理、经济状况等进行全面、系统地调查研究后，根据流域内水资源条件和国家长远计划，提出流域水资源的水利水电工程建设梯级开发和综合利用的最优方案，包括初步确定流域内可能的建设位置、分析各个坝址的建设条件、拟定梯级布置方案、工程规模、工程效益，并进行多方案分析比较，选定合理梯级开发方案，并推荐近期开发的工程项目。

项目建议书是在流域规划的基础上，由建设单位向主管部门提出项目建设的轮廓设想，主要从宏观上分析项目建设的必要性、建设条件的可行性、获利的可能性。要从国家或地区的长远需要分析建设项目是否有必要，从当前的实际情况分析建设条件是否具备，从投入与产出的关系分析是否值得投入资金和人力。

项目建议书一般由政府委托有相应资质的设计或工程咨询单位进行编制，并按国家现行规定权限向水利主管部门申报审批。项目建议书被批准后，由政府向社会公布后，批准并列入国家建设计划；若有投资建设意向，则组建项目法人筹备机构，进行可行性研究工作。

（二）编制可行性研究报告

可行性研究是综合应用工程技术、经济学和管理学等学科基本理论对项目建设的各方案进行的技术、经济比较分析，对项目建设的必要性、技术可行性和经济合理性等进行多方面、全方位的论证。可行性研究报告是项目决策和初步设计的重要依据，一经批准后可作为初步设计的依据，不得随意修改和变更。可行性研究报告的内容一定要做到全面、科学、深入、可靠。

可行性研究报告，由项目法人组织相应资质的工程咨询或设计单位编写。申报项目可行性研究报告，必须同时提出项目法人组建方案及运行机制、资金筹措等方案、资金结构及回收资金的办法，并依照有关规定附具有管辖权的水行政主管部门或流域机构签署的规划同意书、对取水许可预申请的书面审查意见。

项目可行性报告批准后，应正式成立项目法人，并按项目法人责任制实行项目管理。

二、水利水电工程建设的第二阶段——初步设计

可行性研究报告批准后，项目法人应择优选择有相应资质的设计单位进行工程的勘测设计，并编制初步设计，进一步阐明拟建工程在技术上的可行性和经济上的合理性，将项目建设计划具体化，作为组织项目实施的依据。

初步设计的具体内容一般包括：确定项目中各建筑工程的等级、标准和规模；工程选址；确定工程总体布置、主要建筑物的组成结构和布置；确定电站或泵站的机组机型、装机容量和布置；选定对外交通方案、施工导流方式、施工总进度和施工总布置、主要建筑物施工方法及主要施工设备、资源需用量及其来源；确定水库淹没、工程占地范围、提出水库淹没处理、移民安置规划和投资概算；提出水土保持、环境保护措施设计，编制初步设计概算；复核经济评价等。

初步设计任务应择优选择有相应资质的设计单位承担，依照批准的可行性研究报告和有关初步设计编制规定进行编制。初步设计完成后按国家现行规定权限向上级主管部门申报，主管部门组织专家进行审查，合格后即可审批。批准后的初步设计文件是项目建设实施的技术文件基础。

三、水利水电工程建设的第三阶段

（一）前期施工准备

项目在主体工程开工之前，必须完成各项准备工作，其主要工作内容包括：①落实施工用地的征用。②完成施工用水、电、通信、道路和场地平整等工程。③建设生产、生活必需的临时工程。④完成施工招投标工作，择优选定监理单位、施工单位和材料设备供应厂家。⑤进行技术设计，编制施工总概算和施工详图设计，编制设计预算。

施工准备工作开始前，项目法人或其代理机构，须依照有关规定，向政府主管部门办理报建手续，须同时交验工程建设项目有关批准文件。工程项目经过项目报建后，方可组织施工准备工作。

（二）全面建设施工

建设实施阶段是指主体工程的建设实施，项目法人按照批准的建设文件，组织工程建设，保证项目建设目标的实现。项目法人或其代理机构，必须按照审批权限，向主管部门提出主体工程开工申请报告，经批准后，主体工程方可正式开工。

　　主体工程开工需具备下列条件：①前期工程各阶段文件已按照规定批准，施工详图设计可以满足初期主体工程施工需要。②建设项目已列入国家或地方建设投资年度计划，年度建设资金已落实。③主体工程招标已决标，工程承包合同已签订，并得到主管部门同意。④现场施工准备和征地移民等建设外部条件能够满足主体工程开工需要。⑤建设管理模式已经确定，投资主体与项目主体的管理关系已经理顺。⑥项目建设所需全部投资来源已经明确，且投资结构合理。⑦项目产品的销售，已有用户承诺，并确定了定价原则。

　　施工阶段是工程实体形成的主要阶段，建设各方面都要围绕建设总目标的要求，为工程的顺利实施积极努力工作。项目法人要充分发挥建设管理的主导作用，为施工创造良好的建设条件；监理单位要在业主的委托授权范围之内，制定切实可行的监理规划，发挥自己在技术和管理方面的优势，独立负责项目的建设工期、质量、投资的控制和现场施工的组织协调，施工单位应严格遵守施工承包合同的要求，建立现场管理机构，合理组织技术力量，加强工序管理，执行施工质量保证制度，服从监理监督，力争工程按质量要求如期完成。

　　（三）生产（投产）准备工作

　　生产准备是项目投产前由建设单位进行的一项重要工作，是建设阶段转入生产经营的必要条件。项目法人应按照建管结合和项目法人责任制的要求，适时做好有关生产准备工作，确保项目建成后及时投产，及早发挥效能，主要包括以下几项内容：

　　（1）生产组织准备。建立生产经营的管理机构、配备生产人员、制定相应管理制度。

　　（2）招收和培训人员。按照生产运营的要求配备生产管理人员，需要通过多种形式的培训，提高人员素质，使之能满足正常的运营要求。有条件时，应组织生产管理人员尽早介入工程施工建设，参加设备的安装调试和工作验收，熟悉情况，掌握好生产技术和工艺流程，为顺利衔接基本建设和生产经营阶段做好准备。

　　（3）生产技术准备。主要包括技术资料的汇总、运行技术方案的制定、操作规程制定和新技术准备。

　　（4）生产的物质准备。主要落实投产运营所需要的原材料、协作产品、工器具、备品备件和其他协作配合条件的准备。

　　（5）正常的生活福利设施准备。

四、水利水电工程建设的第四阶段

（一）竣工验收

竣工验收是工程完成建设目标的标志，是全面考核基本建设成果、检验设计和工程质量的重要步骤，只有竣工验收合格的项目才能投入生产或使用。当建设项目的建设内容全部完成，并经过单位验收，符合设计要求，在完成竣工报告、竣工决算等必需文件的编制后，项目法人按照有关规定，可向验收主管部门提出申请，根据国家和部颁验收规程，组织验收。

竣工决算编制完成后，须由审计机关组织竣工审计，其审计报告作为竣工验收的基本资料。

验收的程序随工程规模的大小而有所不同，一般为两阶段验收，即初步验收和正式验收。工程规模较大、技术较复杂的建设项目可先进行初步验收，初验工作由监理单位会同设计、施工、质量监督、主管单位代表共同进行，初验的目的是帮助施工单位发现遗漏的质量问题，及时补救；待施工单位对初验的问题做出必要的处理后，再申请有关单位进行验收。验收合格的项目，办理工程正式移交手续，工程即从基本建设转入生产或使用。

（二）项目后评价

建设项目竣工投产并已生产运营 1～2 年后对项目所做的系统综合评价，即项目后评价。建设项目后评价工作必须遵循客观、公正、科学的原则，做到分析合理、评价公正。项目后评价工作一般按三个层次组织实施，即项目法人的自我评价、项目行业的评价、计划部门（或主要投资方）的评价。

项目后评价的目的是总结项目建设的成功经验，发现项目管理中存在的问题，及时吸取教训，不断提高项目决策水平和投资的效果，其主要内容包括：

（1）影响评价。项目投产后对各方面的影响所进行的评价。

（2）经济效益评价。对项目投资、国民经济效益、财务效益、技术进步和规模效益、可行性研究深度等方面进行的评价。

（3）过程评价。对项目立项、设计施工、建设管理、竣工投产、生产运营等全过程进行的评价。

以上所述基本建设程序的八项内容，是国家对水利水电工程建设程序的基本要求，也反映了水利水电工程基本建设工作的全过程。

第三节　水利工程管理模式及其理论依据

一、水利水电工程管理的一般模式

（一）建设项目组织形式

从项目管理上讲，组织是为了使项目系统达到特定目标，使全体参加者经分工与协作，按照某种规则设置不同层次的权利和责任制度而构成的一种人的组合体；从项目建设活动上讲，组织是对项目的筹划、安排、协调、控制和检查等活动[a]。

工程项目组织是为完成特定的任务而建立起来的，从事工程项目具体工作的组织。项目管理人员一般是通过组织取得项目所需的资源，并通过行使项目组织的职能来管理这些资源，并实现项目的目标。该组织是在工程项目生命周期内临时组建的，是暂时的，当项目目标实现后，项目组织解散。

1. 项目组织的职能分析

项目组织的职能是项目管理的基本职能，项目组织的职能包括计划职能、组织职能、控制职能、指挥职能、协调职能等几个方面。

计划职能是指为实现项目的目标，对所要做的工作进行安排，并对资源进行配置。组织职能是指为实现项目的目标，建立必要的权力机构、组织层次，进行职能划分，并规划职责范围和协作关系。控制职能是指采取一定的方法、手段使组织活动按照项目的目标和要求进行。指挥职能是指项目组织的上级对下级的领导、监督和激励。协调职能是指为实现项目目标，项目组织中各层次、各职能部门团结协作，步调一致地共同实现项目目标。

2. 项目组织的组织形式

通常项目组织的组织形式有职能式组织、项目式组织和矩阵式组织三种类型。

（1）职能式组织。职能式组织是在同一个组织单位里，把具有相同职业特点的专业人员组织在一起，为项目服务。职能式组织最突出的特点是专业分工强，其工作的注意力集中于部门。职能部门的技术人员的作用可以得到充分的发挥，同一部门的技术人员易于交流知识和经验，使得项目获得部门内所有知识和技术

a　颜宏亮.水利工程施工［M］.西安：西安交通大学出版社，2015.

的支持，对创造性地解决项目的技术问题很有帮助；技术人员可以同时服务于多个项目；职能部门为保持项目的连续性发挥重要作用。但职能部门工作的注意力集中在本部门的利益上，项目的利益往往得不到优先考虑；项目团体中的职能部门往往只关心本部门的利益而忽略了项目的总目标，造成部门之间协调困难。

职能式项目组织中，对各参加部门，项目领导仅作为一个联络小组的领导，从事收集、处理和传递信息，而与项目相关的决策主要由企业领导做出，所以项目经理对项目目标不承担责任。

（2）项目式组织。项目式组织经常被称为直线式组织，在项目组织中所有人员都按项目要求划分，由项目经理管理一个特定的项目团体，在没有项目职能部门经理参与的情况下，项目经理可以全面地控制项目，并对项目目标负责。

项目式组织的项目经理对项目全权负责，享有最大限度的自主权，可以调配整个项目组织内外资源；项目目标单一，决策迅速，能够对用户的需求或上级的意图做出最快的响应；项目式组织机构简单，易于操作，在进度、质量、成本等方面控制也较为灵活。但项目式组织对项目经理的要求较高，需要具备各方面知识和技术的全能式人物。由于项目各阶段的工作中心不同，会使项目团队各个成员的工作闲忙不一，一方面影响组织成员的积极性，另一方面也造成人才的浪费。项目组织中各部门之间有比较明确的界限，不利于各部门的沟通。

（3）矩阵式组织。矩阵式组织可以克服上述两种形式的不足，它基本是职能式和项目式组织重叠而成。根据矩阵式组织中项目经理和职能部门经理权责的大小，矩阵式组织可分为弱矩阵式、强矩阵式和平衡矩阵式。

①弱矩阵式组织。由一个项目经理来协调项目中的各项工作，项目成员在各职能部门经理的领导下为项目服务，项目经理无权分配职能部门的资源。

②强矩阵式组织。项目经理主要负责项目，职能部门经理负责分配人员。项目经理对项目可以实施更有效的控制，但职能部门对项目经理的影响却在减小。强矩阵式组织类似于项目式组织，项目经理决定什么时候做什么，职能部门经理决定派哪些人，使用哪些技术。

③平衡矩阵式组织。项目经理负责监督项目的执行，各职能部门对本部门的工作负责。项目经理负责项目的时间和成本，职能部门的经理负责项目的界定和质量。一般来说平衡矩阵很难维持，因为它主要取决于项目经理和职能部门经理的相对力度。平衡不好，要么变成弱矩阵，要么变成强矩阵。矩阵式组织中，许多员工同时属于两个部门——职能部门和项目部门，要同时对两个部门负责。

矩阵式组织建立与公司保持一致的规章制度，可以平衡组织中的资源需求以保证各个项目完成各自的进度、费用和质量要求，减少人员的冗余，职能部门的作用得到充分发挥。但组织中每个成员接受来自两个部门的领导，当两个领导的指令有分歧时，常会令人左右为难，无所适从；权利的均衡导致没有明确的负责者，使工作受到影响；项目经理与职能部门经理的职责不同，项目经理必须与部门经理进行资源、技术、进度、费用等方面的协调和权衡。

（二）水利水电工程建设的营建方式

工程建设的营建方式，又称建设施工方式，其方式主要是自营和承发包两大类[a]。中华人民共和国成立以来，水利水电工程建设基本上是采取自营方式。20世纪80年代初，采用过投资包干方式，以鲁布格水电站引水隧道工程利用世界银行贷款为代表，开始了我国在大型水电建设中开展国际竞争性招标。随后其他利用世界银行贷款的工程，如二滩水电站、小浪底水电站等，也相继采用国际竞争性招标。

投资包干和招投标都属于承发包方式，但两者也有很大区别，当前我国的水利水电工程营建已经采用招投标方式。

1. 自营方式

自营方式是指由建设单位负责制并聘请技术、管理人员，招收工人，购置或租赁施工机械，采购材料，组织施工并完成施工任务的营建方式。

计划经济时期，我国水利水电工程建设一直采用自建自营方式，主要通过行政手段管理，建设项目由国家或上级主管部门直接下达。资金由国家财政拨款。建设单位临时指派，对运营及建设资金回收不负责任。设计和施工单位的利益、责任和追求目标不同，设计单位只对工程设计的技术水平和安全负责，追求最高技术水平和最大安全系数，对投资和工期考虑少。施工单位只对上级下达的施工任务负责，追求的是最短工期。结果造成部分建设项目投资增加，工期延误，工程质量不达标。

2. 投资包干方式

投资包干方式可用于中央投资、地方投资或中央与地方共同投资的大中型水电工程。这种方式通常是以批准概算为依据的，所以，又可以称为概算投资包干。采用这种方式时，首先要成立一个精干有力的建设单位，它是工程建设的总承包单位，直接向国家（业主）负责。建设单位既是经济实体，又具有一定的行政协调权力。作为甲方，它再将施工任务发包给选定的施工单位，双方同样要签

---

　　a　李京文.水利工程管理发展战略［M］.北京：方志出版社，2016.

订承发包合同。不过，对施工单位的选择多采取议标方式，而较少采取招投标方式。议标前，首先选择 1 ~ 2 个施工单位，这些施工单位要有承担工程施工的能力与专长，然后以议标方法正式确定施工单位和承包投资。对国家（业主）来说，以工程概算作为计划投资的控制数，确保不突破，而总承包的建设单位和施工单位共同向国家负责，共同分享概算结余和提前收益的利益。

要搞好概算投资包干，应具备一定的前提条件。首先，必须有正确合理的设计和概算作为包干的依据，必须有国家各部门的重点支持作后盾；其次，对建设单位和施工单位有较高的要求。

3. 招投标方式

招投标方式是以市场经济竞争体制为基础，甲方是发包单位，在国内又称为建设单位，在国外称业主；乙方是承包单位，在国内称作施工单位，在国外称作承包商。

建设工程招标可采用多种形式，如建设全过程招标（全面招标），勘探设计招标，材料、设备供应招标，工程施工招标等。以工程施工招标为例，又可以实行全部工程招标，单项或单位工程招标，分部工程招标，专业工程招标等形式。

招标的方式可根据需要而定，有公开招标方式、邀请招标或协商议标方式。招标方式的竞争性很强，国际上流行的 ICB 制（International Competitive Bidding）更是如此。利用外资和世界银行贷款的工程项目，按规定必须进行国际竞争性招标。

（三）水利水电工程建设管理模式

20 世纪 90 年代后期，我国水利水电工程建设管理模式开创了与国际接轨的新格局，确立了"项目法人责任制、招标投标制、建设监理制"的工程管理的三项基本制度，形成了以国家宏观监控为指导，项目法人制为核心，招投标制和建设监理制为服务体系的建设管理体制的基本格局。以项目法人为主体的工程招标发包体系，以设计、施工和材料设备供应单位为主体的招标承包体系，以建设监理单位为主体的技术服务体系，三者之间以经济为纽带，以合同为依据，相互监督、相互制约。

（1）项目法人责任制。项目法人的主要职责是负责组建现场管理机构；落实工程建设计划和资金；对工程质量、进度资金进行管理监察和监督；负责协调内外部关系。

（2）招标投标制。双方通过合同维持协作关系，通过招标投标，把建设单位和设计施工企业推向建设市场，进行公平交易，平等竞争，从而最大限度地降低工程投资风险，达到控制投资、确保质量、提高经济效益的目的；也可以使施工企业积极改进技术，加强管理，提高自身竞争力，实现自身经济效益；还有利于优化社会资源、培育技术力量，实现优胜劣汰。1998 年 8 月 30 日第九届全国人大通过了《中华人民共和国招标投标法》，正式确定招投标承包制为我国建设管理体系的一项基本制度。

（3）建设监理制。目前我国已经推行了建设监理制，以系统的机制、健全的组织机构、完善的技术经济手段和严格的规范化方法和工作程序，通过规划、控制、组织、协调，以促使工程项目总目标的费用目标、时间目标、质量目标得以实现。建设监理的实质，就是建立包括经济、法律和行政手段在内的协调和约束机构，避免或解决在投资多元化、承包经营责任制和开放建设市场的新形势下，比较容易出现的随意性和利益纠纷，保证建设工作有秩序和卓有成效地进行。实行建设监理制度，用专业化监理班子组织建设，还可以提高管理水平，克服传统管理体制所带来的种种弊病。

二、水利工程项目的理论创新

（一）项目动态管理理论

1. 动态管理的界定

项目动态管理要求整个企业系统实现管理思想、管理人才、管理组织、管理方法、管理手段的现代化，以满足整个系统的高效运转，实现项目动态管理所期望的综合效益。

动态管理包括动态的管理思想、动态的资源配置和动态跟踪、动态调整等一系列管理控制方法。这一管理方法是采用灵活的机制，动态配置人、财、物、机优化组合，提高生产要素的配置效率进而降低项目成本。

2. 项目动态管理的运行模式

项目动态管理的运行模式是矩阵体制、动态管理、目标控制、节点考核。为了便于论述，下面以水利施工企业为例，对项目动态管理的运行模式进行较详细的说明。

（1）矩阵体制。矩阵体制是项目动态管理的组织模式，项目动态管理的矩阵体制主要由项目管理层的矩阵式组织和项目施工力量及信息传递反馈的矩阵式组织构成。

其一，在工程项目的管理上，根据项目的需要和特点，按矩阵结构建立项目经理部，设置综合性的、具有弹性的科室，业务人员主要来自其他项目和公司职能部门，项目经理部实行项目经理负责制，实行专业负责人责任制和专职（系统）责任工程师技术负责制，在矩阵式的项目管理组织中既有职能系统的竖向联系，又有以项目为中心的横向联系。从纵向角度，公司专业部门负责人对所有项目的专业人员负有组织调配、业务指导和管理考察的责任；从横向角度，项目经理对参与本项目的各种专业人员均负有领导责任和年度考核奖惩责任，并按项目实施的要求把他们有效地组织协调到一起，为实现项目目标共同配合工作。

其二，在工程项目施工力量的组织上，按照一个项目由多个工程队承担，一个工程队同时作用于多个项目的原则，构成项目施工力量的矩阵式结构。项目经理部按项目任务的特点按工程切块，经过择优竞争，把切块任务发包给作业层若干工程队。承包项目任务的工程队根据在手任务的情况，抽调骨干力量，组建具有综合施工能力的作业分队，按项目网络计划和施工顺序确定陆续进点的时间，根据任务完成情况自行增减作业分队的力量，完成任务后自行撤离现场，进入其他项目。在项目上把刚性的企业人财物的配置变成弹性多变的施工组织，为项目的完成提供了灵活机动的施工力量。各进点的作业分队原来的隶属关系不变，原来的核算体制不变。进多少人、进什么工种、配备什么装备以及完成任务后的奖惩兑现等，完全由各施工单位根据承包的项目任务的要求自行决定，自我约束，统筹安排，使人力物力等得到了充分的利用。

其三，信息传递与反馈的矩阵。为了适应项目动态管理的需要，必须按施工组织和施工力量的矩阵体制形式建立双轨双向运行的信息系统，即公司对项目经理部和工程队的双道信息指令；项目经理部和工程队对公司的双向信息反馈。这样，可以有效地避免单向信息反馈可能造成的偏差，使矩阵结构下的动态管理得以高效运转。

（2）动态管理。项目施工力量的动态配置就是将企业固定的施工力量用活，不把施工力量成建制地固定配置在某个项目上或固定地归属某一管理机构，而是组成独立的直属工程队，灵活机动地参与各项目的任务分包，利用各项目对生产要素需求的高低错落起伏，因地制宜地使用人、财、物、机等各种生产要素，并在各项目之间合理流动，优化组合，取得高效率。同时由于大中型施工企业利用经营管理上和技术进步上的优势，在市场激烈竞争中能够取得较多工程项目施工任务，全面应用动态管理思想和动态管理方法，合理地组织施工，就能获得较高的企业效益和社会效益。而充分利用各项目高峰的时间差，统筹安排，动态配置企业有限的人、财、物资源，使刚性的企业组织在动态中适应项目对资源的弹性需求，是一条主要途径。

　　管理人员的责任就是促成此项目的施工高峰为另一项目的低谷，避免各项目同时出现对某生产要素需求的高潮。这种动态管理思想和方法在经营决策层、项目管理层和施工作业层三个层次上都有体现，但职责不同[a]：第一，经营决策层必须协调所有在建项目和预测未来项目的施工力量配备。第二，施工作业层必须掌握在手项目对施工力量和时间需要的衔接安排，严格执行承包项目的二级网络计划，不断地优化劳动组合，以保证工程队力量与任务的动态平衡。第三，项目管理班子必须不断地优化内部组合，适应项目需要，同时要强化系统观念适应动态管理需要，不得扣留施工力量和各种管理力量。

　　为了使动态管理能够达到预期的目的，要求遵循两个原则，一是统筹的原则，即施工任务的需要和施工力量的安排都要按照整体的要求，统筹优化动态配置。二是控制的原则，即做到动而不乱，施工力量运筹动作和每个项目阶段力量的投入都要严格根据一、二、三级网络计划安排，在决策层的宏观指导下有序运行，达到平衡。如失去平衡，就要立即跟踪决策、动态调整力量的投入。

　　（3）目标控制。项目有着特定的目标系统，动态管理中，实行目标控制是项目经理部对项目总体目标从宏观到微观的控制方法，是保证项目管理实现既定目标的可靠措施，也是使各项工作在动态平衡中稳步向前推进的保证。

　　首先，目标控制是项目动态管理重要的控制方法，它可以统一决策层、管理层、作业层的思想和行为，可以调动广大职工参与管理，发挥积极性、主动性、创造性，可以把各方面力量统一到以经济建设为中心，完成项目目标任务上来。

　　其次，实行全方位的目标控制，必须建立健全"四个系统"，即以项目为对象的经营责任系统；生产要素在项目上进行动态组合的生产指挥系统；以项目的目标管理为主线的全方位、多层次（包括计划、技术、设材、劳资、安全和质量等）控制系统。使项目动态管理逐步达到标准化、规范化。

　　最后，项目动态管理目标在纵向上，把总工期转化为总目标，根据总目标科学地划分为阶段目标，进而分解为战役目标，并通过网络计划技术分解为若干个节点目标。同时在横向上分为质量、工期、费用、安全四大目标体系，然后再按组织体制把所有目标值，按纵向到底、横向到边的原则，进行科学分解，使在现场的所有单位、部门乃至每个责任人每时每刻都有自己的奋斗目标，小目标的实现就接近大目标。

　　（4）节点考核。节点考核就是把网络计划的主要控制节点的形象进度和时间

---

　　a　张基尧. 水利水电工程项目管理理论与实践［M］. 北京：中国电力出版社，2008.

要求抽出来，作为节点目标和控制进程，组织节点竞赛并严格考核，使之成为网络计划实现途径和控制办法。节点是项目生产要素的融汇点，项目各生产要素组合是否合理，是否优化，形成的生产力是大是小，在节点考核中都能体现出来，节点考核也是项目经理部与作业层联系的纽带，是项目施工中现场党政工团力量的合力点。项目经理部通过节点考核来控制、协调各作业队，稳步实现项目目标。同时，节点又是细化了的项目目标，是目标控制的具体手段，是控制的核心。节点考核的透明度越大，激励作用就越强。

第一，节点考核要以不断优化技术方案，采用新工艺、新机具为后盾，其主要考核内容包括进度、安全、质量、文明施工等。考核的方面包括施工单位、辅助生产单位、机关服务和后勤保障单位。

第二，按网络计划的形象和时间要求实行节点考核，可以协调现场动作，提高施工单位执行网络计划的自觉性，并通过目标和利益导向，广泛调动各方面的积极性，推动技术组织措施的落实，增强自主管理和改进生产要素组合的自觉性，保证节点的按期到达和项目总目标的最终实现。

第三，以矩阵体制为组织模式，以动态管理为管理原则，以目标控制和节点考核为激励导向的控制手段，构成项目动态管理的基本模式。

项目动态管理实行分层管理的体制和动态管理的原则，项目管理层与作业层之间相对独立，各负其责。因此必须形成一定的约束机制和动力机制以及具备一些必要的条件，来保证项目动态管理的运行。

3. 项目动态管理机制解读

为保持论述的一致性，仍以施工企业为例来讨论项目动态管理机制。

（1）动力机制。管理层与作业层在项目上有着自己独立的利益，也有共同的目标和利益，因此，横向协调的职能明显加强。逐步削弱单纯行政管理比重，代之以经济手段为主的管理成为项目动态管理运行的重要形式，主要通过三个层次的纵向和横向相结合的经济承包责任制来实现。

一是公司建立完整的内部经济承包管理体系，以经营承包合同的形式明确公司与项目管理层之间的责权利关系。

二是在项目管理层与作业层之间以及作业层与辅助生产单位之间紧紧围绕工程项目，以承发包的方式明确各方的权利义务关系，作业层既可在项目上取得效益，并按照对项目经理部的承包合同，拿到由项目管理层支配的工期奖、质量奖、节点奖等，又可以因多完成任务，按对公司的经营承包合同从公司拿到超产值工资含量和利润含量，得到双重的激励。反之要受到项目管理层与公司的双重经济处罚。因此，作业层各工程队一方面有了按时完成工程的动力，另一方面也有了必须做好每个工程的约束。

三是在承包后的管理上，坚持在承包体系内部实行按定额考核工效，采用全额计件、实物量计件、超量计件、加权值计量等多种形式进行分配，克服平均主义，不搞以包代管，这样，公司、项目管理层、作业层三个层次之间采用承包责任制以合同的方式联系起来，形成一个完成项目目标为主的有机整体。使以经济管理手段为主、行政手段为辅的经济调节关系成为项目动态管理运行机制的重要内容。

（2）民主管理机制。在项目动态管理中，由于一个工程队参与多个项目工程的施工，不可能同时配备多套管理班子，同时每个项目工程都实行目标控制，节点考核办法，激励引导职工摘取自己的目标，所以这个方法的本身就要求职工参与管理和自主管理，在客观上为职工提供了民主管理的环境和条件。同时各作业分队是一个利益共同体。每个职工都感到干好干不好对自己影响很大，在主观上有关心管理、发表自己意见的愿望。再加上各级职代会民主管理的作用，就形成了一个从上到下民主管理的系统，使职工感到干好干不好的关键掌握在自己手里。这样使职工中蕴藏的力量充分发挥了出来，实现了"五自"，即自主管理，自我完善方案，自我调整措施，自我控制质量、进度，自我创造适应环境和完成任务的条件，民主管理机制的形成，丰富了项目动态管理的内涵。

（3）后方保障机制。推行项目动态管理后，施工队伍需要进行频繁的、大跨度的调动，精兵强将上前线成为项目动态管理的必然要求。项目动态管理是一个全企业的高效的管理方式，因此，建立一个有效的后方保障机制，用于安置不适合在项目动态管理第一线工作的职工，发挥他们的潜力和劳动热情，为企业继续做贡献是十分必要的。

施工企业的基地应大力发展多种经营和第三产业，使家务劳动社会化，提高职工的物质生活水平；使简单的手工劳动家庭化，把职工中闲散的劳动力和劳动时间集中起来，提高生产能力和职工收入；把各项文娱活动和文化设施办起来，改善职工的精神生活，把各项福利办好，使少有所育，老有所养，病有所医。

4. 项目动态管理与项目管理的关系思辨

就施工企业而言，项目动态管理是施工企业在项目施工管理实践中探索和创造的一种科学运行方式，其特征是企业通过有效的计划、组织、协调、控制，使有限的生产要素在项目之间合理的流动，达到动态平衡和优化组合，以取得最佳综合经济效益和社会效益。

项目动态管理是从揭示工程项目的内在规律与施工生产力的特点入手来研究管理体制与运行机制的。它以施工项目为基点来优化组合和管理企业的生产要素，以动态的组织形式和一系列动态的控制方法来实现企业生产要素按项目需求的最佳结合，根据项目需要来调整和设置企业管理的职能，从而实现施工企业管理与项目管理的有机结合。

项目动态管理吸取了国外项目管理的先进经验，并根据我国国情进行了探索和开发，它脱胎于传统的施工管理，与其他项目管理方法既有区别又有联系。

（1）项目动态管理与项目管理。首先，项目动态管理与项目管理的管理范围不同。项目动态管理不仅应用项目管理理论方法，对具体单一项目进行科学管理，而且是同时对企业承担的所有项目进行科学管理，是利用项目生产要素需要的错落起伏差，将施工生产要素在项目之间动态组合、优化配置；而项目管理的范围是独立的单一项目。

其次，目标不同。项目动态管理谋求的是企业承建所有项目的总体综合效益，而项目管理追求的是单一项目的整体效益。

最后，适用对象不同。项目动态管理适用于具有刚性组织结构，能够同时进行多项目施工的全民及集体所有制大中型施工企业。它们的联系是：项目动态管理和项目管理都是以项目为中心组织生产力的。但项目动态管理是把项目管理和企业管理结合起来，不仅能保证建设项目达到最佳的效果（质量好、工期短、成本低），而且能兼顾企业效益和社会效益，适合中国国情。

（2）项目动态管理与传统施工管理。项目动态管理是以项目为中心来管理项目的，按项目需要来调整企业职能为之服务，施工力量呈动态配置；而传统的施工管理是按企业本身固有的组织体制和管理框架来组织实施项目施工，施工力量成建制的静态配置。由于项目动态管理是从传统的施工管理脱胎而出的，它们之间也有着密切的联系，如多年来积累的好的管理方法和经验，以及为了适应企业外部环境而保留的一些管理方式等。

5. 项目动态管理的重要意义

（1）有利于提高施工企业的生产力水平。第一，有效地调动了公司管理层和作业层的积极性，在各新开项目上显示了施工能力快的优势。第二，实现了轻装上阵。项目动态管理避免了成建制调动造成的负担，用则留、不用则走，现场不留闲人，施工一线项目管理人员与旧的管理方式相比减少了一半多，精干一线的目的得以实现。第三，增强了企业的整体弹性，实现了多项目管理的高效率。施工力量特别是技术和管理人员得到充分利用，公司的整体资源保证随时可以产生对某一项目的资源优势，及时解决内外因素带来的不利影响，保证项目目标实现。第四，企业职工的素质得以提高。项目动态管理的实践提供了锻炼管理干部和技术干部的场合，同时形成了基层自主管理、自我优化的机制，促使职工个人向一专多能发展，从而提高了企业的整体施工能力。

（2）有利于提高企业整体效益与社会效益。项目动态管理法追求的是高效率、高速度，是向社会交付更多的高质量的工程。同时，项目动态管理使施工力量在各项目之间形成了环环相扣的链条。一个项目，特别是大项目的计划拖延将造成全局被动，各施工单位必须竭尽全力，想尽办法，充分挖掘潜力，甚至不惜增大投入来保证网络计划的正点运行，以保持自己的动态平衡，保证工期、保证质量。

（3）有利于实现生产经营管理活动的整体优化。项目动态管理的目的是适应基本建设管理体制改革的需要，按照工程建设项目施工的规律，在企业外部环境和内部条件不断变化下，以企业内部的系统有序管理，来适应外部环境的变化。因此，它要求企业必须应用自然科学、社会科学的最新成果。依靠充分而准确的数据和信息，把定性分析和定量分析结合起来，对工程项目施工进行有效控制，从而实现生产经营管理活动的整体优化。

首先，从项目动态管理的外部环境看，企业受到国家基本建设投资规模增减、施工行业专业化和区域性分割的限制，受到建筑市场投标竞争的制约，因此，实施项目动态管理，首先要把经营战略作为企业生存发展的重要问题，在抓好企业内部动态适应性的同时，必须采用现代预测、决策技术、描述外部环境和市场变化及其对企业的影响，为决策提供可靠的依据。

其次，从项目动态管理的内部条件看，企业在同时承担多个施工项目时，它的生产能力（人、财、物等生产要素）在一定时期是相对稳定的，同时满足各个项目的资源也是有限的，客观上要求企业必须应用现代化管理方法，把有限的资源充分利用起来，形成合理的资源流，以满足各项目对生产要素的需求。

最后，从项目动态管理的运行目的看，它必须在完成施工任务的同时，获得较好的综合效益。但由于每个项目的施工周期不同、标准不同，随着承建项目的增多，客观上增大了管理工作的跨度，管理的复杂性加剧，协调关系增多，应把每个单位、部门，以至每个职工的积极性调动起来，将分散的、局部的力量集中到项目动态管理的总目标上去，而原有的行政命令加会战式的组织管理模式已不能适应动态管理的需要，必须引入现代化管理方法，对项目施工进行有效的计划、组织、协调、控制，以圆满实现项目目标。

以上，以施工企业为例进行了较全面的讨论，对于水利工程和其他企业项目来说，动态管理的理论与维度是相似的。只需根据相应的实际加以变化，即可形成项目业主、管理及设计等单位的项目动态管理模式。

（二）项目管理模式权变理论

项目管理模式是项目生产力发展到一定阶段的产物，必须同社会化大生产方式、经济体制、项目发展的内在规律和外部环境相适应，及时转变项目管理模式，以适应项目建设的需要。下面仍以施工企业为例进行相应的讨论。

1. 施工企业项目传统管理模式及其问题

根据对企业管理运行体制的定义，我国施工企业传统的管理运行体制基本上是一种三级（公司、工程处、工程队）管理或二级管理的模式[a]。

其一，纵向管理职能体系专注于企业内的施工生产活动，从管理层次上看，工程处、工程队都是直接进行施工生产作业的单位，公司管理层直接控制各种生产要素部门和专业职能部门，企业基本上没有独立的经营决策层。所以这是一种项目型运行管理体制，而不是生产经营型的企业运行管理体制。

其二，横向管理职能体系基本固定，其设置上较少考虑施工生产任务的变化要求和企业的经营活动。对一般的施工企业来说，其专业管理职能部门基本上是在企业经理的直接领导下，按照一般管理职能的分工关系平衡设置，而且各职能部门人员与工作任务长期固定，各职能部门间没有内在的联系。这种专业职能部门的设置方式，不利于各部门间的协调，不利于企业的专业管理部门为生产作业部门服务。

其三，纵向管理职能体系和横向管理体系各自为政，缺乏明确的责权利关系，难以形成有机的企业职能分工协作的体系。首先横向管理职能部门以自我为中心，固定在企业管理层，不能有效地为施工生产经营活动服务。企业往往是以职能部门为基点和中心进行管理，而不以施工项目为基点和中心进行管理。其次企业的横向管理职能体系和纵向管理职能体系是并行的，纵向管理职能体系和横向管理职能体系缺乏明确的责权利关系和分工协作关系。

其四，企业纵向、横向管理职能体系都是完全固定式的，其内部相应生产管理条件的配置也是固定的，企业管理就是以这些固定建制的单位为中心，而不是以施工项目为中心，企业内在生产要素的配置没有灵活性。首先，各管理职能单位的设置是不考虑施工任务的变化而预先确定的；其次，各职能单位内部生产管理条件和生产要素基本上也是固定配置的，所以只能是让企业的施工任务适应这

---

a 刘长军.水利工程项目管理［M］.北京：中国环境出版社，2013.

种固定建制体系的需要，而不是相反。企业考核的也只能是与项目施工任务的有效完成关系不大的一些固定指标，这样不利于施工企业社会功能的实现。

其五，企业管理职能体系中各部门、各单位间是一种行政手段的联系，而不是一种经济责任制关系，同时各部门、各单位本身也没有明确统一的经济责权利。这样的一种体制，不但缺乏必要的经济约束机制，更重要的是缺乏工作的动力，不利于调动企业管理者的积极性、主动性和创造性。

2. 施工项目的内在规律与项目管理模式的关系思辨

施工企业管理模式必须体现社会化大生产所共有的客观经济规律的要求，还必须体现施工项目所特有的内在规律的要求，一方面要弄清楚企业的生产性质、生产技术、生产类型等因素对现代企业的影响，另一方面要满足施工项目对生产要素需求的特殊性对施工企业管理的要求。

（1）必须根据施工项目特点建立灵活的项目管理模式。施工经济活动规律主要根源于施工项目一次性、多变性的特点，一次性、多变性是施工项目最基本的特点。施工项目的一次性说明其相应项目管理组织应该具有临时性，而不能无视项目周期的变化。同时项目的一次性也决定了它具有多变性的特点，不但施工企业在一定时期内承揽项目的种类、规模要经常发生变化，而且在各施工项目周期的不同阶段也有不同的管理要求。这一切都要求施工企业的管理运行体制本身具有一定的机动性，能适应施工任务灵活多变的要求，因此必须对固定建制式的体制进行改革。

（2）施工企业相对稳定性必须适应施工项目的多变性。现代施工活动具有两个最重要的特征：一是以施工企业为最基本的活动主体；二是以施工项目为最基本的活动客体。

一方面，对于施工企业而言，为适应连续生产经营活动的需要，一般需要相对稳定的企业管理制度。而对于施工项目，由于它具有单件性、流动性和多样化的特点，对施工生产要素的需要是随着施工项目的有无和施工项目周期的变化而呈现出阶段性和不稳定性。

另一方面，施工企业管理制度的相对稳定性和施工项目的多变性都是现代施工活动固有的特征，是不以人们的意志为转移的，因此，建立和改革施工企业管理制度的基本要求是，使施工企业的相对稳定性与施工项目的多变性相适应。

3. 项目管理模式与外部环境的关系思辨

企业的生存和发展是以外部环境为条件的，企业的外部环境就是社会。某一阶段外部环境的发展趋势及其新的环境特点对建立一种新的管理模式有着重要影响。在目前及今后的一个阶段，我国施工企业所面临的是一个确定中存在着不确定因素的外部环境。

（1）项目权变管理产生的依据：外部环境的确定性因素。确定性因素是指改革开放将坚定不移地进行，改革的理论、目标、政策方向等不变，包括三个方面：第一，在我国实行以公有制为主的多种经济形式、有计划的商品经济、对外开放的经济这种新的具体经济形态模型是确定不移的；第二，实行以内涵发展为主导方式和合理配置生产力资源的相对平衡发展模型是确定不移的；第三，实行宏观控制和微观搞活有机结合的管理模型也是确定不移的。

建立一个新的企业管理模式应当有它相应的应用周期，而不是随机使用的一种方式，因此，长期的社会环境的确定性因素应当成为新模式建立的主要依据。项目权变管理以企业内部的管理层与作业层分开为构架，逐步走向以国营大型施工企业为中心，以地方、集体建筑公司为协力企业，以农村或个体建筑队为补充的模式和施工企业以大型施工项目为骨干，以中型项目为补充，以小型项目为调节以达到企业能力与任务的动态平衡。

（2）项目权变管理所要解决的问题：外部环境的不确定性因素。外部环境的不确定性，主要是指在政策规定和市场状况中的不确定因素，包括两个方面。

一是由于经济改革的渐进性所造成的具体政策的不确定性。我国的经济改革是在一个经济水平较低、发展很不平衡的大国进行的，不可能一举成功，只能在比较长的时间内一步步地走向最终目标。许多改革的政策、步骤和具体措施还需要在实践中探索，需要根据实践的经验做出肯定，这就造成了许多具体政策上的不确定性。

二是商品经济本身的特点所造成的市场环境的不确定性。商品市场是复杂、多变的，商品经济从本质上讲是经常变动的，不稳定的，同时商品经济的广泛发展也会产生某种盲目性，国家与地方、地方与地方之间基建项目重复上马，基建规模的或起或落等又加剧了这种影响。

外部环境的不确定性因素是企业本身所不能掌握和控制的，因此，它是企业管理所要解决的主要问题，这种环境既会对企业带来不利影响，又会不断地给企业提供机会，企业应当靠自己的能力减少不利影响，利用机会，求得发展。项目权变管理在体制设置上引入弹性机制，提高企业应变能力等就是为了解决外部环境不确定性因素给企业带来的影响。

第六章　水利工程施工技术解读

第一节　水利工程施工导流与降排水施工技术

一、施工导流的设计与规划

施工导流的方法大体上分为两类：一类是全段围堰法导流（河床外导流），另一类是分段围堰法导流（河床内导流）。

（一）全段围堰法导流

全段围堰法导流是在河床主体工程的上下游各建一道拦河围堰，使上游来水通过预先修筑的临时或永久泄水建筑物（如明渠、隧洞等）泄向下游，主体建筑物在排干的基坑中进行施工，主体工程建成或接近建成时再封堵临时泄水道。这种方法的优点是工作面大，河床内的建筑物在一次性围堰的围护下建造，如能利用水利枢纽中的永久泄水建筑物导流，可大大节约工程投资。

全段围堰法按泄水建筑物的类型不同可分为明渠导流、隧洞导流、涵管导流等。

1. 明渠导流

上下游围堰一次拦断河床形成基坑，保护主体建筑物干地施工，天然河道水流经河岸或滩地上开挖的导流明渠泄向下游的导流方式称为明渠导流。

（1）明渠导流的适用条件。若坝址河床较窄，或河床覆盖层很深，分期导流困难，且具备下列条件之一，可考虑采用明渠导流。

①河床一岸有较宽的台地、场口或古河道。

②导流流量大，地质条件不适于开挖导流隧洞。

③施工期有通航、排冰、过木要求。

④总工期紧，不具备洞挖经验和设备。

国内外工程实践证明，在导流方案比较过程中，若明渠导流和隧洞导流均可采用，一般倾向于明渠导流。这是因为明渠开挖可采用大型设备，加快施工进度，对主体工程提前开工有利。施工期间河道有通航、过木和排冰要求时，明渠导流明显更有利。

（2）导流明渠布置。导流明渠布置分在岸坡上和在滩地上两种布置形式，如图6-1所示。

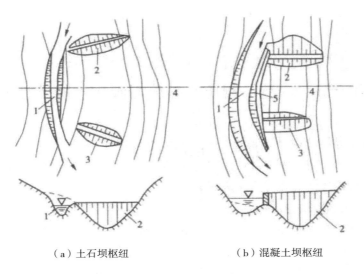

（a）土石坝枢纽　　　　　　（b）混凝土坝枢纽

图6-1　导流隧洞示意图

1—导流隧洞；2—上游围堰；3—下游围堰；4—主坝

①导流明渠轴线的布置。导流明渠应布置在较宽台地、堀口或古河道一岸；渠身轴线要伸出上下游围堰外坡脚，水平距离要满足防冲要求，一般为 50 ～ 100 m；明渠进出口应与上下游水流相衔接，与河道主流的交角以小于30°为宜；为保证水流畅通，明渠转弯半径应大于5倍渠底宽；明渠轴线布置应尽可能缩短明渠长度和避免深挖方。

②明渠进出口位置和高程的确定。明渠进出口力求不冲、不淤和不产生回流，可通过水力学模型试验调整进出口形状和位置，以达到这一目的；进口高程按截流设计选择，出口高程一般由下游消能控制；进出口高程和渠道水流流态应满足施工期通航、过木和排冰要求；在满足上述条件下，尽可能抬高进出口高程，以减小水下开挖量。

（3）导流明渠断面设计。

①明渠断面尺寸的确定。明渠断面尺寸由设计导流流量控制，并受地形地质

和允许抗冲流速影响，应按不同的明渠断面尺寸与围堰的组合，通过综合分析确定。

②明渠断面形式的选择。明渠断面一般设计成梯形，渠底为坚硬基岩时，可设计成矩形。有时为满足截流和通航的不同目的，也可设计成复式梯形断面。

③明渠糙率的确定。明渠糙率大小直接影响到明渠的泄水能力，而影响糙率大小的因素有衬砌材料、开挖方法、渠底平整度等，可根据具体情况查阅有关手册确定。对大型明渠工程，应通过模型试验选取糙率。

（4）明渠封堵。导流明渠结构布置应考虑后期封堵要求。当施工期有通航、过木和排冰任务，明渠较宽时，可在明渠内预设闸门墩，以利于后期封堵。施工期无通航、过木和排冰任务时，应于明渠通水前，将明渠坝段施工到适当高程，并设置导流底孔和坝面口，使二者联合泄流。

2. 隧洞导流

上下游围堰一次拦断河床形成基坑，保护主体建筑物干地施工，天然河道水流全部由导流隧洞宣泄的导流方式称为隧洞导流。

（1）隧洞导流的适用条件。导流流量不大，坝址河床狭窄，两岸地形陡峻，如一岸或两岸地形、地质条件良好，可考虑采用隧洞导流。

（2）导流隧洞的布置。导流隧洞的布置如图6-2所示。一般应满足以下要求：

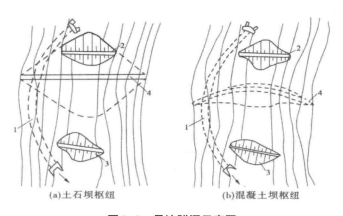

(a)土石坝枢纽　　　　　(b)混凝土坝枢纽

图6-2　导流隧洞示意图

1—导流隧洞；2—上游围堰；3—下游围堰；4—主坝

①隧洞轴线沿线地质条件良好，足以保证隧洞施工和运行的安全。

②隧洞轴线宜按直线布置，如有转弯，转弯半径不小于5倍洞径（或洞宽），转角不宜大于60°，弯道首尾应设直线段，长度不应小于3～5倍洞径（或洞宽）；

进出口引渠轴线与河流主流方向夹角宜小于 30°。

③隧洞间净距、隧洞与永久建筑物间距、洞脸与洞顶围岩厚度均应满足结构和应力要求。

④隧洞进出口位置应保证水力学条件良好，并伸出堰外坡脚一定距离，一般距离应大于 50 m，以满足围堰防冲要求。进口高程多由截流控制，出口高程由下游消能控制，洞底按需要设计成缓坡或急坡，避免设计成反坡。

（3）导流隧洞断面设计。隧洞断面尺寸的大小取决于设计流量、地质和施工条件，洞径应控制在施工技术和结构安全允许范围内。目前，国内单洞断面尺寸多在 200 m² 以下，单洞泄量不超过 2000~2500 m³/s。

隧洞断面形式取决于地质条件、隧洞工作状况（有压或无压）及施工条件。常用断面形式有圆形、马蹄形、方圆形。圆形多用于高水头处，马蹄形多用于地质条件不良处，方圆形有利于截流和施工。国内外导流隧洞多采用方圆形。

洞身设计中，糙率 n 值的选择是十分重要的问题。糙率的大小直接影响断面的大小，而衬砌与否、衬砌的材料和施工质量、开挖的方法和质量则是影响糙率大小的因素。一般混凝土衬砌糙率值为 0.014 ~ 0.017；不衬砌隧洞的糙率变化较大，光面爆破时为 0.025 ~ 0.032，一般炮眼爆破时为 0.035 ~ 0.044。设计时根据具体条件，查阅有关手册确定。对重要的导流隧洞工程，应通过水工模型试验验证其糙率的合理性。

导流隧洞设计应考虑后期封堵要求，布置封堵闸门门槽及启闭平台设施。有条件者，导流隧洞应与永久隧洞结合，以利节省投资（如小浪底工程的三条导流隧洞后期改建为三条孔板消能泄洪洞）。一般高水头枢纽，导流隧洞只可能与永久隧洞部分相结合，中低水头则有可能全部相结合。

3. 涵管导流

涵管导流一般在修筑土坝、堆石坝工程中采用。涵管通常布置在河岸岩滩上，其位置在枯水位以上，这样可在枯水期不修围堰或只修一小围堰。先将涵管筑好，然后修上下游全段围堰，将河水引经涵管下泄，如图 6-3 所示。

涵管一般是钢筋混凝土结构。当有永久涵管可以利用或修建隧洞有困难时，采用涵管导流是合理的。在某些情况下，可在建筑物基岩中开挖沟槽，必要时予以衬砌，然后封上混凝土或钢筋混凝土顶盖，形成涵管。利用这种涵管导流往往可以获得经济可靠的效果。由于涵管的泄水能力较低，所以一般用在导流流量较小的河流上或只用来担负枯水期的导流任务。

为了防止涵管外壁与坝身防渗体之间的渗流，通常在涵管外壁每隔一定距离设置截流环，以延长渗径，降低渗透坡降，减少渗流的破坏作用。此外，必须严格控制涵管外壁防渗体的压实质量。涵管管身的温度缝或沉陷缝中的止水必须严格施工。

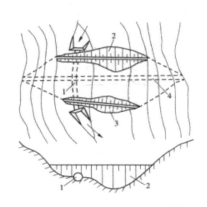

图6-3　涵管导流示意图

1—导流涵管；2—上游围堰；3—下游围堰；4—土石坝

（二）分段围堰法导流

分段围堰法也称为分期围堰法或河床内导流，就是用围堰将建筑物分段分期围护起来。所谓分段，就是从空间上将河床围护成若干个干地施工的基坑段进行施工。所谓分期，就是从时间上将导流过程划分成阶段。导流的分期数和围堰的分段数并不一定相同，因为在同一导流分期中，建筑物可以在一段围堰内施工，也可以同时在不同段内施工。必须指出的是，段数分得越多，围堰工程量愈大，施工也愈复杂；同样，期数分得愈多，工期有可能拖得愈长。因此，在工程实践中，二段二期导流法采用得最多（如葛洲坝工程、三门峡工程等都采用了此法）。只有在比较宽阔的通航河道上施工，不允许断航或其他特殊情况下，才采用多段多期导流法（如三峡工程施工导流就采用二段三期导流法）。

分段围堰法导流一般适用于河床宽阔、流量大、施工期较长的工程，尤其是通航河流和冰凌严重的河流上。这种导流方法的费用较低，国内外一些大中型水利水电工程采用较多。分段围堰法导流，前期由束窄的原河道导流，后期可利用事先修建好的泄水道导流。常见泄水道的类型有底孔导流、坝体缺口导流等。

1. 底孔导流

利用设置在混凝土坝体中的永久底孔或临时底孔做为泄水道，是二期导流经常采用的方法。导流时让全部或部分导流流量通过底孔宣泄到下游，保证后期工程的施工。若是临时底孔,则在工程接近完工或需要蓄水时要加以封堵。

采用临时底孔时,底孔的尺寸、数目和布置要通过相应的水力学计算确定。其中,底孔的尺寸在很大程度上取决于导流的任务(过水、过船、过木和过鱼),以及水工建筑物结构特点和封堵用闸门设备的类型。底孔的布置要满足截流、围堰工程以及本身封堵的要求。如底坎高程布置较高,截流时落差就大,围堰也高。但封堵时的水头较低,封堵就容易。一般底孔的底坎高程应布置在枯水位之下,以保证枯水期泄水。当底孔数目较多时,可把底孔布置在不同的高程,封堵时从最低高程的底孔堵起,这样可以减小封堵时所承受的水压力。

临时底孔的断面形状多采用矩形,为了改善孔周的应力状况,也可采用有圆角的矩形。按水工结构要求,孔口尺寸应尽量小,但某些工程由于导流流量较大,只好采用尺寸较大的底孔。

底孔导流的优点是挡水建筑物上部的施工可以不受水流的干扰,有利于均衡连续施工,这对修建高坝特别有利。当坝体内设有永久底孔可以用来导流时,更为理想。底孔导流的缺点是:由于坝体内设置了临时底孔,钢材用量增加;如果封堵质量不好,会削弱坝体的整体性,还有可能漏水;在导流过程中底孔有被漂浮物堵塞的危险;封堵时由于水头较高,安放闸门及止水等均较困难。

2. 坝体缺口导流

混凝土坝施工过程中,当汛期河水暴涨暴落,其他导流建筑物不足以宣泄全部流量时,为了不影响坝体施工进度,使坝体在涨水时仍能继续施工,可以在未建成的坝体上预留缺口,以便配合其他建筑物宣泄洪峰流量。待洪峰过后,上游水位回落,再继续修筑缺口。所留缺口的宽度和高度取决于导流设计流量、其他建筑物的泄水能力、建筑物的结构特点和施工条件。采用底坎高程不同的缺口时,为避免高低缺口单宽流量相差过大,产生高缺口向低缺口的侧向泄流,引起压力分布不均匀,需要适当控制高低缺口间的高差,其高差以不超过 4 ~ 6 m 为宜。

在修建混凝土坝,特别是大体积混凝土坝时,由于这种导流方法比较简单,常被采用。上述两种导流方式一般只适用于混凝土坝,特别是重力式混凝土坝。至于土石坝或非重力式混凝土坝,采用分段围堰法导流,常与隧洞导流、明渠导流等河床外导流方式相结合。

二、基坑降排水

修建水利水电工程时,在围堰合龙闭气以后,就要排除基坑内的积水和渗水，以保持基坑处于基本干燥状态，以利于基坑开挖、地基处理及建筑物的正常施工。

基坑排水工作按排水时间及性质，一般可分为：

（1）基坑开挖前的初期排水，包括基坑积水、基坑积水排除过程中的围堰堰体与基础渗水、堰体及基坑覆盖层的含水率以及可能出现的降水的排除。

（2）基坑开挖及建筑物施工过程中的经常性排水，包括围堰和基坑渗水、降水以及施工弃水量的排除。如按排水方法分，有明式排水和人工降低地下水位两种。

（一）明式排水

1. 排水量的确定

（1）初期排水排水量估算。初期排水主要包括基坑积水、围堰与基坑渗水两部分。对于降雨，因为初期排水是在围堰或截流戗堤合龙闭气后立即进行的，通常是在枯水期内，而枯水期降雨很少，所以一般可不予考虑。除积水和渗水外，有时还需考虑填方和基础中的饱和水。

基坑积水体积可按基坑积水面积和积水深度计算，这是比较容易的。但是排水时间的确定就比较复杂，排水时间主要受基坑水位下降速度的限制，基坑水位的允许下降速度视围堰种类、地基特性和基坑内水深而定。水位下降太快，则围堰或基坑边坡中动水压力变化过大，容易引起坍坡；水位下降太慢，则影响基坑开挖时间。一般认为，土石围堰的基坑水位下降速度应限制在 0.5 ~ 0.7 m/d，木笼及板桩围堰等应小于 1.0–1.5 m/d。初期排水时间，大型基坑一般可采用 5 ~ 7 d，中型基坑一般不超过 3 ~ 5 d。

通常，当填方和覆盖层体积不太大时，在初期排水且基础覆盖层尚未开挖时，可不必计算饱和水的排除。如需计算，可按基坑内覆盖层总体积和孔隙率估算饱和水总水量。

按以上方法估算初期排水流量，选择抽水设备，往往很难符合实际。在初期排水过程中，可以通过试抽法进行校核和调整，并为经常性排水计算积累一些必要资料。试抽时如果水位下降很快，则显然是所选择的排水设备容量过大，此时应关闭一部分排水设备，使水位下降速度符合设计规定。试抽时若水位不变，则显然是设备容量过小或有较大渗漏通道存在。此时，应增加排水设备容量或找出渗漏通道予以堵塞，然后进行抽水。还有一种情况是水位降至一定深度后就不再下降，这说明此时排水流量与渗流量相等，据此可估算出需增加的设备容量。

（2）经常性排水排水量的确定。经常性排水的排水量主要包括围堰和基坑的渗水、降雨、地基岩石冲洗及混凝土养护用废水等。设计中一般考虑两种不同的组合，从中择其大者，以选择排水设备。一种组合是渗水加降雨，另一种组合是渗水加施工废水。降雨和施工废水不必组合在一起，因为二者不会同时出现。如果全部叠加在一起，显然太保守。

①降雨量的确定。在基坑排水设计中，对降雨量的确定尚无统一的标准。大型工程可采用 20 年一遇 3 日降雨中最大的连续降雨量，再减去估计的径流损失值（每小时 1 mm），作为降雨强度。也有的工程采用日最大降雨强度。基坑内的降雨量可根据上述计算降雨强度和基坑集雨面积求得。

②施工废水。施工废水主要考虑混凝土养护用水，其用水量估算应根据气温条件和混凝土养护的要求而定。一般初估时可按每立方米混凝土每次用水 5 L 每天养护 8 次计算。

③渗透流量计算。通常，基坑渗透总量包括围堰渗透量和基础渗透量两部分。关于渗透量即详细计算方法，在水力学、水文地质和水工结构等论著中均有介绍，这里仅介绍估算渗透流量常用的一些方法，以供参考。

按照基坑条件和所采用的计算方法，有以下几种计算情况：

第一种，基坑远离河岸不必设围堰时渗入基坑的全部流量的计算。首先按基坑宽长比将基坑区分为窄长形基坑和宽阔基坑。前者按沟槽公式计算，后者则化为等效的圆井，按井的渗流公式计算。圆井还可区分为无压完全井、无压不完全井、承压完全井、承压不完全井等情况，参考有关水力学手册计算。

第二种，筑有围堰时基坑渗透量的简化计算。与前一种情况相仿，也将基坑简化为等效圆井计算。常遇到的情况有无压完整形基坑和无压不完整形基坑。

第三种，考虑围堰结构特点的渗透计算。以上两种简化方法，是把宽阔基坑，甚至连同围堰在内，化为等效圆形直井计算，这显然是十分粗略的。当基坑为窄长形且需考虑围堰结构特点时，渗水量的计算可分为围堰和基础两部分，分别计算后予以叠加。按这种方法计算时，采用以下简化假定：计算围堰渗透时，假定基础是不透水的；计算基础渗透时，则认为围堰是不透水的。有时，并不进行这种区分，而将围堰和基础一并考虑，也可选用相应的计算公式。由于围堰的种类很多，各种围堰的渗透计算公式可查阅有关水工手册和水力计算手册。

应当指出的是，应用各种公式估算渗流量的可靠性，不仅取决于公式本身的精度，而且取决于计算参数的正确选择。特别是像渗透系数这类物理常数，对计算结果的影响很大。但是，在初步估算时，往往不可能获得较详尽而可靠的渗透系数资料。此时，也可采用更简便的估算方法。

2. 基坑排水布置

基坑排水系统的布置通常应考虑两种不同情况：一种是基坑开挖过程中的排水系统布置，另一种是基坑开挖完成后修建建筑物时的排水系统布置。布置时，应尽量同时兼顾这两种情况，并且使排水系统尽可能不影响施工。

基坑开挖过程中的排水系统布置，应以不妨碍开挖和运输工作为原则。一般将排水干沟布置在基坑中部，以利两侧出土。随着基坑开挖工作的进展，逐渐加深排水干沟和支沟。通常保持干沟深度为 1 ~ 1.5 m，支沟深度为 0.3 ~ 0.5 m。集水井多布置在建筑物轮廓线外侧，井底应低于干沟沟底。但是，由于基坑坑底高程不一，有的工程就采用层层设截流沟、分级抽水的办法，即在不同高程上分别布置截水沟、集水井和水泵站，进行分级抽水。

建筑物施工时的排水系统通常都布置在基坑四周。排水沟应布置在建筑物轮廓线外侧，且距离基坑边坡坡脚不少于 0.3~0.5 m。排水沟的断面尺寸和底坡大小取决于排水量的大小。一般排水沟底宽不小于 0.3 m，沟深不大于 1.0 m，底坡不小于 2‰。密实土层中，排水沟可以不用支撑，但在松土层中，则需用木板或麻袋装石来加固。

水经排水沟流入集水井后，利用在井边设置的水泵站，将水从集水井中抽出。集水井布置在建筑物轮廓线以外较低的地方，它与建筑物外缘的距离必须大于井的深度。井的容积至少要能保证水泵停止抽水 10 ~ 15 min 后，井水不致漫溢。集水井可为长方形，边长 1.5 ~ 2.0 m，井底高程应低于排水沟底 1.0 ~ 2.0 m。在土中挖井，其底面应铺填反滤料。在密实土中，井壁用框架支撑在松软土中，利用板桩加固。如板桩接缝漏水，尚需在井壁外设置反滤层。集水井不仅可用来集聚排水沟的水量，而且应有澄清水的作用，因为水泵的使用年限与水中含沙量的多少有关。为了保护水泵，集水井宜稍微偏大、偏深一些。

为防止降雨时地面径流进入基坑而增加抽水量，通常在基坑外缘边坡上挖截水沟，以拦截地面水。截水沟的断面及底坡应根据流量和土质而定，一般沟宽和沟深不小于 0.5 m，底坡不小于 2‰，基坑外地面排水系统最好与道路排水系统相结合，以便自流排水。为了降低排水费用，当基坑渗水水质符合饮用水或其他施工用水要求时，可将基坑排水与生活、施工供水相结合。丹江口工程的基坑排水就直接引入供水池，供水池上设有溢流闸门，多余的水则溢入江中。

明式排水系统最适用于岩基开挖。对砂砾石或粗砂覆盖层，在渗透系数 $K_s > 2 \times 10^{-1}$ cm/s，且围堰内外水位差不大的情况下也可用。在实际工程中也有超出上述界限的，例如丹江口工程的细砂地基，渗透系数约为 2×10^{-2} cm/s，采取适当措施后，明式排水也取得了成功。不过，一般认为当 $K_s < 10^{-1}$ cm/s 时，以采用人工降低水位法为宜。

（二）人工降低地下水位

经常性排水过程中，为了保持基坑开挖工作始终在干地进行，常常要多次降低排水沟和集水井的高程，变换水泵站的位置，这会影响开挖工作的正常进行。此外，在开挖细砂土、砂壤土一类地基时，随着基坑底面的下降，坑底与地下水位的高差愈来愈大，在地下水渗透压力作用下，容易发生边坡脱滑、坑底隆起等事故，甚至危及邻近建筑物的安全，给开挖工作带来不良影响。

采用人工降低地下水位，可以改变基坑内的施工条件，防止流砂现象的发生，基坑边坡可以陡些，从而大减少挖方量。人工降低地下水位的基本做法是：在基坑周围钻设一些井，地下水渗入井中后，随即被抽走，使地下水位线降到开挖的基坑底面以下，一般应使地下水位降到基坑底部 0.5 ~ 1.0 m 处。

人工降低地下水位的方法按排水工作原理可分为管井法和井点法两种。管井法是单纯重力作用排水，适用于渗透系数 $K_s=10 \sim 250$ m/d 的土层；井点法还附有真空或电渗排水的作用，适用于 $K=0.1 \sim 50$ m/d 的土层。

1. 管井法降低地下水位

管井法降低地下水位时，在基坑周围布置一系列管井，管井中放入水泵的吸水管，地下水在重力作用下流入井中，被水泵抽走。管井法降低地下水位时，须先设置管井，管井通常采用下沉钢井管，在缺乏钢管时也可用木管或预制混凝土管代替。

井管的下部安装滤水管节（滤头），有时在井管外还需设置反滤层，地下水从滤水管进入井内，水中的泥沙则沉淀在沉淀管中。滤水管是井管的重要组成部分，其构造对井的出水量和可靠性影响很大。要求它过水能力大，进入的泥沙少，有足够的强度和耐久性。

井管埋设可采用射水法、振动射水法及钻孔法下沉。射水下沉时，先用高压水冲土下沉套管，较深时可配合振动或锤击（振动水冲法），然后在套管中插入井管，最后在套管与井管的间隙中间填反滤层并拔套管，反滤层每填高一次便拔一次套管，逐层上拔，直至完成。

管井中抽水可应用各种抽水设备，但主要的是普通离心式水泵、潜水泵和深井水泵，分别可降低水位 3 ~ 6 m、6 ~ 20 m 和 20 m 以上，一般采用潜水泵较多。用普通离心式水泵抽水，由于吸水高度的限制，当要求降低地下水位较深时，要分层设置管井，分层进行抽水。

在要求大幅度降低地下水位的深井中抽水时，最好采用专用的离心式深井水泵。每个深井水泵都是独立工作，井的间距也可以加大。深井水泵一般深度大于20 m，排水效率高，需要井数少。

2. 井点法降低地下水位

井点法与管井法不同，它把井管和水泵的吸水管合二为一，简化了井的构造。井点法降低地下水位的设备，根据其降深能力分轻型井点（浅井点）和深井点等。其中最常用的是轻型井点，是由井管、集水总管、普通离心式水泵、真空泵和集水箱等设备所组成的排水系统。

轻型井点系统的井点管为直径 38 ～ 50 mm 的无缝钢管，间距为 0.6 ～ 1.8 m，最大可达 3.0 m。地下水从井管下端的滤水管借真空泵和水泵的抽吸作用流入管内，沿井管上升汇入集水总管，流入集水箱，由水泵排出。轻型井点系统开始工作时，先开动真空泵，排除系统内的空气，待集水箱内的水面上升到一定高度后，再启动水泵排水。水泵开始抽水后，为了保持系统内的真空度，仍需真空泵配合水泵工作。这种井点系统也叫真空井点。井点系统排水时，地下水位的下降深度取决于集水箱内的真空度与管路的漏气情况和水头损失。一般集水箱内真空度为 80 kPa（400 ～ 600 mmHg），相当的吸水高度为 5 ～ 8 m，扣除各种损失后，地下水位的下降深度为 4 ～ 5 m。

当要求地下水位降低的深度超过 4 ～ 5 m 时，可以像管井一样分层布置井点，每层控制范围 3 ～ 4 m，但以不超过 3 层为宜。分层太多，基坑范围内管路纵横，妨碍交通，影响施工，同时增加挖方量。而且当上层井点发生故障时，下层水泵能力有限，地下水位回升，基坑有被淹没的可能。

真空井点抽水时，在滤水管周围形成了一定的真空梯度，加快了土的排水速度，因此即使在渗透系数小的土层中，也能进行工作。

布置井点系统时，为了充分发挥设备能力，集水总管、集水管和水泵应尽量接近天然地下水位。当需要几套设备同时工作时，各套总管之间最好接通，并安装开关，以便相互支援。

井管的安设，一般用射水法下沉。距孔口 1.0 m 范围内，应用黏土封口，以防漏气。排水工作完成后，可利用杠杆将井管拔出。

深井点与轻型井点不同，它的每一根井管上都装有扬水器（水力扬水器或压气扬水器），因此它不受吸水高度的限制，有较大的降深能力。

深井点有喷射井点和压气扬水井点两种。喷射井点由集水池、高压水泵、输水干管和喷射井管等组成。通常一台高压水泵能为 30 ~ 35 个井点服务，其最适宜的降水位范围为 5 ~ 18 m。喷射井点的排水效率不高，一般用于渗透系数为 3 ~ 50 m/d、渗流量不大的场合。压气扬水井点是用压气扬水器进行排水。排水时压缩空气由输气管送来，由喷气装置进入扬水管，于是，管内容重较轻的水气混合液，在管外水压力的作用下，沿水管上升到地面排走。为达到一定的扬水高度，就必须将扬水管沉入井中，须有足够的潜没深度，才能使扬水管内外有足够的压力差。压气扬水井点降低地下水位最大可达 40 m。

第二节　水利工程土石方工程施工技术

土石方施工是水利工程施工的重要组成部分。我国自 20 世纪 50 年代开始逐步实施机械化施工，至 20 世纪 80 年代以后，土石方施工得到快速发展，在工程规模、机械化水平、施工技术等各方面取得了很大的成就，解决了一系列复杂地质、地形条件下的施工难题，如深厚覆盖层的坝基处理、筑坝材料、坝体填筑、混凝土面板防裂、沥青混凝土防渗等施工技术问题。其中，在工程爆破技术、土石方机械化施工等方面已处于国际先进水平。

一、工程爆破技术

炸药与起爆器材的日益更新，施工机械化水平的不断提高，为爆破技术的发展创造了重要条件。多年来，爆破施工从手风钻为主发展到潜孔钻，并由低风压向中高风压发展，为加大钻孔直径和速度创造了条件；引进的液压钻机，进一步提高了钻孔效率和精度；多臂钻机及反井钻机的采用，使地下工程的钻孔爆破进入了新阶段。近年来，引进开发混装炸药车，实现了现场连续式自动化合成炸药生产工艺和装药机械化，进一步稳定了产品质量，改善了生产条件，提高了装药水平和爆破效果。此外，深孔梯段爆破、洞室爆破开采坝体堆石料技术也日臻完善，既满足了坝料的级配要求，又加快了坝料的开挖速度。

二、土石方明挖

凿岩机具和爆破器材的不断创新，极大地促进了梯段爆破及控制爆破技术的进步，使原有的微差爆破、预裂爆破、光面爆破等技术更趋完善；施工机具的大型化、系统化、自动化使得施工工艺、施工方法取得了重大变革。

（1）施工机械。我国土石方明挖施工机械化起步较晚，新中国成立初期兴建的一些大型水电站除黄河三门峡工程外，都经历了从半机械化逐步向机械化施工发展的过程。直到20世纪60年代末，土石方开挖才形成低水平的机械化施工能力。主要设备有手风钻、$1 \sim 3 \text{ m}^3$ 斗容的挖掘机和 $5 \sim 12 \text{ t}$ 的自卸汽车。此阶段主要依靠进口设备，可供选择的机械类型很少，谈不上选型配套。20世纪70年代后期，施工机械化得到迅速的发展，在80年代中期以后发展尤为迅速。常用的机械设备有钻孔机械、挖装机械、运输机械和辅助机械等四大类，形成配套的开挖设备。

（2）控制爆破技术。基岩保护层原为分层开挖，经多个工程试验研究和推广应用，发展到水平预裂（或光面）爆破法和孔底设柔性垫层的小梯段爆破法一次爆除，确保了开挖质量，加快了施工进度。特殊部位的控制爆破技术解决了在新浇混凝土结构、基岩灌浆区、锚喷支护区附近进行开挖爆破的难题。

（3）高陡边坡开挖。近年来开工兴建的大型水电站开挖的高陡边坡较多。

（4）土石方平衡。大型水利工程施工中，十分重视开挖料利用，力求挖填平衡。开挖料用作坝（堰）体填筑料、截流用料和加工制作混凝土砂石骨料等。

高边坡加固技术。水利工程高边坡常用的处理方法有抗滑结构、锚固以及减载、排水等综合措施。

（5）高边坡加固技术。水利工程高边坡常用的处理方法有抗滑结构、锚固以及减载、排水等综合措施。

三、抗滑结构

（1）抗滑桩。抗滑桩能有效而经济地治理滑坡，尤其是滑动面倾角较缓时，效果更好。

（2）沉井。沉井在滑坡工程中既起抗滑桩的作用，同时具备挡土墙的作用。

（3）挡墙。混凝土挡墙能有效地从局部改变滑坡体的受力平衡，阻止滑坡体变形的延展。

（4）框架、喷护。混凝土框架对滑坡体表层坡体起保护作用，并能增强坡体的整体性，防止地表水渗入和坡体风化。框架护坡具有结构物轻、用料省、施工方便、适用面广、便于排水等优点，并可与其他措施结合使用。另外，耕植草本植被也是治理永久边坡的常用措施。

四、锚固技术

预应力锚索具有不破坏岩体结构、施工灵活、速度快、干扰小、受力可靠、主动承载等优点，在边坡治理中应用广泛。大吨位岩体预应力锚固吨位已提高到6167 kN，张拉设备出力提高到6000 kN，锚索长度达61.6 m，可加固坝体、坝基、岩体边坡、地下洞室围岩等，达到了国际先进水平。

第三节　水利模板与混凝土工程施工技术

一、模板工程施工

混凝土在没有凝固硬化以前，是处于一种半流体状态的物质。能够把混凝土做成符合设计图纸要求的各种规定的形状和尺寸模子，称为模板。模板与其支撑体系组成模板系统。模板系统是一个临时架设的结构体系，其中模板是新浇混凝土成型的模具，它与混凝土直接接触使混凝土构件具有所要求的形状、尺寸和表面质量。支撑体系是指支撑模板、承受模板、构件及施工中各种荷载的作用，并使模板保持所要求的空间位置的临时结构。

对模板的基本要求有：第一，应保证混凝土结构和构件浇筑后的各部分形状和尺寸以及相互位置的准确性。第二，具有足够的稳定性、刚度及强度。第三，装拆方便，能够多次周转使用、形式要尽量做到标准化、系列化。第四，接缝应不易漏浆、表面要光洁平整。第五，所用材料受潮后不易变形[a]。

（一）模板的类型

（1）按模板形状分有平面模板和曲面模板。平面模板又称为侧面模板，主要用于结构物垂直面，曲面模板用于廊道、隧洞、溢流面和某些形状特殊的部位，如进水口扭曲面、蜗壳、尾水管等。

（2）按模板材料分有木模板、竹模板、钢模板、混凝土预制模板、塑料模板、橡胶模板等。

（3）按模板受力条件分有承重模板和侧面模板。承重模板主要承受混凝土重量和施工中的垂直荷载。侧面模板主要承受新浇混凝土的侧压力。侧面模板按其支承受力方式，又分为简支模板、悬臂模板和半悬臂模板，

（4）按模板使用特点分有固定式、拆移式、移动式和滑动式。固定式用于形状特殊的部位，不能重复使用。后三种模板都能重复使用，或连续使用在形状一

a　李栋梁 . 水利施工中模板工程的施工技术探讨［J］. 智能城市，2019，5（15）：173-174.

致的部位，但其使用方式有所不同：拆移式模板需要拆散移动。移动式模板的车架装有行走轮，可沿专用轨道使模板整体移动（如隧洞施工中的钢模台车）；滑动式模板是以千斤顶或卷扬机为动力，可在混凝土连续浇筑的过程中，使模板面紧贴混凝土面滑动（如闸墩施工中的滑模）。

（二）模板施工程序

1. 模板安装

安装模板之前，应事先熟悉设计图纸，掌握建筑物结构的形状尺寸，并根据现场条件，初步考虑好立模及支撑的程序，以及与钢筋绑扎、混凝土浇捣等工序的配合，尽量避免工种之间的相互干扰。

模板的安装包括放样、立模、支撑加固、吊正找平、尺寸校核、堵设缝隙及清仓去污等工序。在安装过程中，应注意下述事项。

（1）模板竖立后，须切实校正位置和尺寸，垂直方向用垂球校对，水平长度用钢尺丈量两次以上，务使模板的尺寸合符设计标准。

（2）模板各结合点与支撑必须坚固紧密，牢固可靠，尤其是采用振捣器捣固的结构部位更应注意，以免在浇捣过程中发生裂缝、鼓肚等不良情况。但为了增加模板的周转次数，减少模板拆模损耗，模板结构的安装应力求简便，尽量少用圆钉，多用螺栓、木楔、拉条等进行加固联结。

（3）凡属承重的梁板结构，跨度大于 4 m 以上时，由于地基的沉陷和支撑结构的压缩变形，跨中应预留起拱高度，每米增高 3 mm，两边逐渐减少，至两端间原设计高程等高。

（4）为避免拆模时建筑物受到冲击或震动，安装模板时，撑柱下端应设置硬木楔形垫块，所用支撑不得直接支承于地面，应安装在坚实的桩基或垫板上，使撑木有足够的支承面积，以免沉陷变形。

（5）模板安装完毕，最好立即浇筑混凝土，以防日晒雨淋导致模板变形。为保证混凝土表面光滑和便于拆卸，宜在模板表面涂抹肥皂水或润滑油。夏季或在气候干燥情况下，为防止模板干缩裂缝漏浆，在浇筑混凝土之前，需洒水养护。如发现模板因干燥产生裂缝，应事先用木条或油灰填塞衬补。

（6）安装边墙、柱、闸墩等模板时，在浇筑混凝土之前，应将模板内的木屑、刨片、泥块等杂物清除干净，并仔细检查各联结点及接头处的螺栓、拉条、楔木等有无松动滑脱现象。在浇筑混凝土过程中，木工、钢筋、混凝土、架子等工种均应有专人"看仓"，以便发现问题随时加固修理。

（7）模板安装的偏差，应符合设计要求的规定，特别是对于通过高速水流、有金属结构及机电安装等部位，更不应超出规范的允许值。

2. 模板隔离剂

模板安装前或安装后，为防止模板与混凝土黏结在一起，便于拆模，应及时在模板的表面涂刷隔离剂。

3. 模板拆除

模板的拆除顺序一般是先非承重模板，后承重模板；先侧板，后底板。

（1）拆模期限：①不承重的侧模板在混凝土强度能保证混凝土表面和棱角不因拆模而受损害时方可拆模。一般此时混凝土的强度应达到 2.5 MPa 以上。②承重模板成在混凝土达到下列强度以后方能拆除（按设计强度的百分率计）：第一，当梁、板、拱的跨度小于 2 m 时，要求达到设计强度的 50%。第二，跨度为 2 ~ 5 m 时，要求达到设计强度的 70%。第三，跨度为 5 m 以上时，要求达到设计强度的 100%。第四，悬臂板、梁跨度小于 2 m 为 70%；跨度大于 2 m 为 100%。

（2）拆模的注意事项。模板拆除工作应注意以下事项[a]：其一，模板拆除工作应遵守一定的方法与步骤。拆模时要按照模板各结合点构造情况，逐块松卸。首先去掉扒钉、螺栓等连接铁件，然后用撬杠将模板松动或用木楔插入模板与混凝土接触面的缝隙中，以锤击木楔，使模板与混凝土面逐渐分离。拆模时，禁止用重锤直接敲击模板，以免使建筑物受到强烈震动或将模板毁坏。其二，拆卸拱形模板时，应先将支柱下的木楔缓慢放松，使拱架徐徐下降，避免新拱因模板突然大幅度下沉而担负全部自重，并应从跨中点向两端同时对称拆卸。拆卸跨度较大的拱模时，则需从拱顶中部分段分期向两端对称拆卸。其三，高空拆卸模板时，不得将模板自高处摔下，而应用绳索吊卸，以防砸坏模板或发生事故。其四，当模板拆卸完毕后，应将附着在板面上的混凝土砂浆洗凿干净，损坏部分需加修整，板上的圆钉应及时拔除（部分可以回收使用），以免刺脚伤人。卸下的螺栓应与螺帽、垫圈等拧在一起，并加黄油防锈。扒钉、铁丝等物均应收捡归仓，不得丢失。所有模板应按规格分放，妥善保管，以备下次立模周转使用。其五，对于大体积混凝土，为了防止拆模后混凝土表面温度骤然下降而产生表面裂缝，应考虑外界温度的变化而确定拆模时间，并应避免早上、夜间拆模。

二、混凝土施工

（一）钢筋工程

钢筋混凝土施工是水利工程施工中的重要组成部分，它在水利工程中的施

---

a 王海雷，王力，李忠才.水利工程管理与施工技术［M］.北京：九州出版社，2018.

工主要分骨料及钢筋的材料加工、混凝土拌制、运输、浇筑、养护等几个重要方面。

1. 钢筋的检验与储存技术要点

在水利工程施工过程中，如果发现施工材料的手续与水利工程施工要求不符，或者是没有出厂合格证，货量不清楚，没有验收检测报告等，一定严禁使用这样的施工材料。在水利工程钢筋施工中必须做好钢筋的检验与存储工作，同时要经过试验、检查，如果都没有问题，说明是合格的钢筋，才可以用。与此同时，还要把与钢筋相关的施工材料合理有序地放在材料仓库中。如果没有存储施工材料的仓库，要把钢筋施工材料堆放在比较开阔、平坦的露天场地，最好是一目了然的地方。另外，在堆放钢筋材料的地方以及周围，要有适当地排水坡。如果没有排水坡，要挖掘出适当的排水沟，以便排水。在钢筋垛的下面，还要适当铺一些木头，钢筋和地面之间的距离要超过 20 cm。除此之外，还要建立一个钢筋堆放架，它们之间要有 3 m 左右的间隔距离，钢筋堆放架可以用来堆放钢筋施工材料。

2. 钢筋的连接技术要点

（1）钢筋的连接方式主要有绑扎搭接、机械连接以及焊接等。一定要把钢筋的接头合理地接在受力最小的地方，而且，在同一根钢筋上还要尽量减少接头。同时，要按照我国当前的相关规范的规定，确保机械焊接接头和连接接头的类型和质量。

（2）在轴心受拉的情况下，钢筋不能采用绑扎搭接接头。

（3）同一构件中，相邻纵向受力钢筋的绑扎搭接接头，应该相互错开。

（二）模板工程

模板安装与拆卸是模板施工工程的重要环节，在进行模板工程施工的时候应该重点对其进行控制。另外，还应当对施工原料的性能、品质进行全面的掌握，明确模板施工的要求。

1. 模板工程施工中的常见问题

模板工程施工中常见的问题主要有以下几类：板材选择不符合标准，板材质量不合格，影响了混凝土的凝结和成型；模板安装没有按照相关的图纸标准进行，结构安装有问题，位置安装不到以及模板稳定性弱；模板拆卸时间选择不恰当，拆卸过程中影响到了混凝土的质量，模板拆卸之前准备与检查工作不全面。模板工程施工出现的上述问题一直困扰和影响着模板工程施工质量控制与工期管理，并给后期水利工程的使用和维护保养留下了隐患，影响了水利工程的使用。

2. 模板工程施工工艺技术

模板工程的施工工艺技术分类可从板材、安装、拆卸等几个方面来进行说明。在实际施工过程中，只要能够对主要的几个工艺技术进行掌握和控制，就能够以较高的品质完成模板工程施工。

（1）模板要求与设计。模板工程施工对模板特性有着较高的要求，首先应当保障模板具有较强的耐久性和稳定性，能够应对复杂的施工环境，不会被气象条件以及施工中的磕碰所影响。最重要的是，模板必须保证在混凝土浇筑完成之后，自身的尺寸不会发生较大的变形，影响混凝土浇筑质量和成型。在混凝土施工过程中，恶劣的天气、多变的空气条件以及混凝土本身的变化都会对模板有影响，因此要求模板板材必须是低活性的，不会与空气、水、混凝土材料发生锈蚀、腐蚀等反应。由于模板是重复使用的，所以还要求模板具有较强的适应性，能够应用于各类混凝土施工。模板板材的形状特点、外观尺寸对混凝土浇筑有着较大的影响，所以模板的选择是模板工程施工的第一要素。模板的设计则按照施工要求和混凝土浇筑状况进行，模板设计与现场地形勘察是分不开的，模板设置要求符合地形勘测，模板结构应稳定，便于模板安装与拆除、混凝土浇筑工作的开展。

（2）板材分类。模板按照外观形状和板材材料、使用原理可以分为不同的种类。一般按照板材外观形状分类，模板分为曲面模板和平面模板两种类型，不同类型的模板用于不同类型的混凝土施工。例如曲面模板，一般用于隧道、廊道等曲面混凝土浇筑的施工当中。而按照板材材料进行分类，模板则可以被分为很多种类型，如由木料制成则称为木模板，由钢材制成则称为钢模板。

按照使用原理进行分类，模板可分为承重模板和侧面模板两种类型。侧面模板按照支撑方式和使用特点可以被划分为更多类型的模板，不同的模板使用原理和使用对象也各有差异。一般来讲，模板都是重复使用的，但是某些用于特殊部位的模板却是一次性使用，例如用于特殊施工部位的固定式侧面模板。拆移式、滑动式和移动式侧面模板一般都是可以重复利用的。滑动式侧面模板可以进行整体移动，能够用于连续性和大跨度的混凝土浇筑，而拆移式侧面模板则不能够进行整体移动。

（3）模板安装。模板安装的关键在于技术工人对模板设计图纸的掌握以及技艺的熟练程度。模板安装必须保障钢筋绑扎和混凝土浇筑工作的协调性和配合性，避免各类施工发生矛盾和冲突。在模板安装中应当注意以下几点：

①模板投入使用后必须对其进行校正，校正次数在两次及以上，多次校正能

够保障模板的方位以及大小的准确度，保障后续施工顺利进行。

②保障模板接洽点之间的稳固性，避免出现较为明显的接洽点缺陷。尤其要重视混凝土振捣位置的稳定性和可靠性，充分保障混凝土振捣的准确性和振捣顺利进行，有效避免振捣不善引起的混凝土裂缝问题。

③严格控制模板支撑结构的安装，保障其具备强大的抗冲击能力。在施工过程中，工序复杂、施工类目繁多，不可避免地给模板造成了冲击力，因此模板需要具备较强的抗冲击力。可以在模板支撑柱下方设置垫板以增加受力面积，减少支撑柱摇晃。

（4）模板拆卸。

①模板的拆卸必须严格按照施工设计进行。拆卸前需要做好充足的准备工作。首先对混凝土的成型进行严格的检查，查看其凝固程度是否符合拆卸要求，对模板结构进行全方位的检查，确定使用何种拆卸方式。一般来讲，模板的拆卸都会使用块状拆卸法进行。块状拆卸的优势在于：它符合混凝土成型的特点，不容易对混凝土表面和结构造成损害，块状拆卸的难度比较低，拆卸速度也更快。拆卸前必须准备好拆卸所使用的工具和机械，保障拆卸器具所有功能能够正常使用。拆卸中，首先对螺栓等连接件进行拆卸，然后对模板进行松弛处理，方便整体拆卸工作的进行。

②对于拱形模板，应当先拆除支撑柱下方位置的木楔，这样可以有效防止拱架快速下滑造成施工事故。

（三）混凝土配合比设计

混凝土配合比是指混凝土中各组成材料（水泥、水、砂、石）用量之间的关系。常用的表示方法有两种：①以每立方米混凝土中各项材料的质量表示，如水泥 300 kg、水 180 kg、砂 720 kg、石子 1200 kg；②以水泥质量为 1 的各项材料相互间的质量比及水灰比来表示，将上例换算成质量比为水泥∶砂∶石 = 1∶2.4∶4，水灰比 =0.60。

1. 混凝土配合比设计的基本要求

设计混凝土配合比的任务，就是要根据原材料的技术性能及施工条件，确定出能满足工程所要求的各项技术指标并符合经济原则的各项组成材料的用量。混凝土配合比设计的基本要求是：

（1）满足混凝土结构设计所要求的强度等级。

（2）满足施工所要求的混凝土拌和物的和易性。

（3）满足混凝土的耐久性（如抗冻等级、抗渗等级和抗侵蚀性等）。

（4）在满足各项技术性质的前提下，使各组成材料经济合理，尽量做到节约水泥和降低混凝土成本。

2. 混凝土配合比设计的三个参数

（1）水灰比。水灰比是混凝土中水与水泥质量的比值，是影响混凝土强度和耐久性的主要因素。其确定原则是在满足强度和耐久性的前提下，尽量选择较大值，以节约水泥。

（2）砂率。砂率是指砂子质量占砂、石总质量的百分率。砂率是影响混凝土拌和物和易性的重要指标。砂率的确定原则是在保证混凝土拌和物黏聚性和保水性要求的前提下，尽量取小值。

（3）单位用水量。单位用水量是指 1 m³ 混凝土的用水量，反映混凝土中水泥浆与骨料之间的比例关系。在混凝土拌和物中，水泥浆的多少显著影响混凝土的和易性，同时也影响强度和耐久性。其确定原则是在达到流动性要求的前提下取较小值。

第七章 水利工程施工组织设计与管理

第一节 水利工程施工组织设计

水利水电工程建设是国家基本建设的一个组成部分，组织工程施工是实现水利水电建设的重要环节。工程项目的施工是一项多工种、多专业的复杂的系统工程，要使施工全过程顺利进行，以期达到预定的目标，就必须用科学的方法进行施工管理。

一、施工组织设计的编制步骤和主要内容

可行性研究阶段施工组织设计、初步设计阶段施工组织设计、施工招标阶段的施工组织设计、施工阶段的施工组织设计等四阶段施工组织设计中，由于初步设计阶段施工组织的内容要求最为全面、各专业之间的设计联系最为密切，因此下面着重说明初步设计阶段的编制步骤和主要内容。

（一）初步设计阶段的编制步骤

（1）根据枢纽布置方案，分析研究坝址施工条件，进行导流设计和施工总进度的安排，编制出控制性进度表。

（2）提出控制性进度之后，各专业根据该进度提供的指标进行设计，并为下一道工序提供相关资料。单项工程进度是施工总进度的组成部分，与施工总进度之间是局部与整体的关系，其进度安排不能脱离总进度的指导，同时它又能检验编制施工总进度是否合理可行，从而为调整、完善施工总进度提供依据。

（3）施工总进度优化后，计算提出分年度的劳动力需要量、最高人数和总劳动力量，计算主要建材材料总量及分年度供应量、主要施工机械设备需要总量及分年度供应数量。

（4）进行施工方案设计和比选。施工方案是指选择施工方法、施工机械、工

艺流程、施工工艺、划分施工段。在编制施工组织设计时，需要经过比选才能确定最终的施工方案。

（5）进行施工布置。是指对施工现场进行分区设置，确定生产、生活设施、交通线路的布置。

（6）提出技术供应计划。指人员、材料、机械等施工资料的供应计划。

（7）对上述各阶段的成果编制说明书。

（二）初步设计阶段的主要内容

总体说来，施工组织总设计主要包括施工方案、施工总进度、施工总体布置、技术供应四部分：①施工总进度主要研究合理的施工期限和在既定条件下确定主体工程施工分期及施工程序，在施工安排上使各施工环节协调一致。②施工总体布置根据选定的施工总进度，研究施工区的空间组织问题，是施工总进度的重要保证。施工总进度决定施工总体布置的内容和规模，施工总体布置的规模，影响准备工程工期的长短和主体工程施工进度。因此施工总体布置在一定条件下又起到验证施工总进度合理性的作用。③在拟定施工总进度的前提下选定施工方案，在总体上合理布置施工方案，施工方案的合理与否，将影响工程受益时间和工程总工期。④技术供应的总量及分年度供应量，由既定的总进度和总体布置所确定，而技术供应的现实性与可靠性是实现总进度、总体布置的物质保证，从而验证二者的合理性。

具体说来施工组织文件的主要内容一般包括：施工条件分析、施工导流、主体工程施工、施工总进度、施工交通运输、施工工厂设施、施工总布置、主要技术供应等内容。

1. 施工条件分析

施工条件包括工程条件、自然条件、物质资源供应条件以及社会经济条件等，主要有：

（1）工程所在地点，对外交通运输，枢纽建筑物及其特征。

（2）地形、地质、水文、气象条件，主要建筑材料来源和供应条件。

（3）当地水源、电源情况，施工期间通航、过木、过鱼、供水、环保等要求。

（4）对工期、分期投产的要求。

（5）施工用地、居民安置以及与工程施工有关的协作条件等。

2. 施工导流

施工导流设计应在综合分析导流条件的基础上，确定导流标准，划分导流时段，明确施工分期，选择导流方案、导流方式和导流建筑物，进行导流建筑物的设计，提出导流建筑物的施工安排，拟定截流、度汛、拦洪、排冰、通航、过木、下闸封堵、供水、蓄水、发电等措施。

施工导流是水利水电枢纽总体设计的重要组成部分，设计中应依据工程设计标准充分掌握基本资料，全面分析各种因素，做好方案比较，从中选择符合临时工程标准的最优方案，使工程建设达到缩短工期、节省投资的目的。施工导流贯穿施工全过程，导流设计要妥善解决从初期导流到后期导流（包括围堰挡水、坝体临时挡水、封堵导流泄水建筑物和水库蓄水）施工全过程的挡、泄水问题。各期导流特点和相互关系宜进行系统分析，全面规划，统筹安排，运用风险度分析的方法，处理洪水与施工的矛盾，务求导流方案经济合理、安全可靠。

导流泄水建筑物的泄水能力要通过水力计算，以确定断面尺寸和围堰高度，有关的技术问题，通常还要通过水工模型试验分析验证。导流建筑物能与永久建筑物结合的应尽可能结合。导流底孔布置与水工建筑物关系密切，有时为考虑导流需要，选择永久泄水建筑物的断面尺寸、布置高程时，需结合研究导流要求，以获得经济合理的方案。

大、中型水利水电枢纽工程一般均优先研究分期导流的可能性和合理性。因枢纽工程量大，工期较长，分期导流有利于提前受益，且对施工期通航影响较小。对于山区性河流，洪枯水位变幅大，可采取过水围堰配合其他泄水建筑物的导流方式。

围堰形式的选择，要安全可靠，结构简单，并能够充分利用当地材料。

截流是大中型水利水电工程施工中的重要环节。设计方案必须稳妥可靠，保证截流成功。选择截流方式应充分分析水力学参数、施工条件和施工难度、抛投物数量和性质，并进行技术经济比较。

3. 主体工程施工

主体工程包括挡水、泄水、引水、发电、通航等主要建筑物，应根据各自的施工条件，对施工程序、施工方法、施工强度、施工布置、施工进度和施工机械等问题，进行分析比较和选择。

研究主体工程施工是为正确选择水工枢纽布置和建筑物形式，保证工程质量与施工安全，论证施工总进度的合理性和可行性，并为编制工程概算提供资料。其主要内容有：

（1）确定主要单项工程施工方案及其施工程序、施工方法、施工布置和施工工艺。

（2）根据总进度要求，安排主要单项工程施工进度及相应的施工强度。

（3）计算所需的主要材料、劳动力数量、编制需用计划。

（4）确定所需的大型施工辅助企业规模、形式和布置。

（5）协同施工总布置和总进度，平衡整个工程的土石方、施工强度、材料、设备和劳动力。

4. 施工总进度

编制施工总进度时，应根据国民经济发展需要，采取积极有效的措施满足主管部门或业主对施工总工期提出的要求；应综合反映工程建设各阶段的主要施工项目及其进度安排，并充分体现总工期的目标要求。

（1）分析工程规模、导流程序、对外交通、资源供应、临建准备等各项控制因素，拟定整个工程施工总进度。

（2）确定项目的起讫日期和相互之间的衔接关系。

（3）对导流截流、拦洪度汛、封孔蓄水、供水发电等控制环节，工程应达到的进展，须做出专门的论证。

（4）对土石方、混凝土等主要工程的施工强度，对劳动力、主要建筑材料、主要机械设备的需用量综合平衡。

（5）分析工期和费用关系，提出合理工期的推荐意见。

施工总进度的表示形式可根据工程情况绘制横道图和网络图。横道图具有简单、直观等优点；网络图可从大量工程项目中标出控制总工期的关键路线，便于反馈、优化。

5. 施工交通运输

施工交通包括对外交通和场内交通两部分。

（1）对外交通是指联系施工工地与国家或地方公路、铁路车站、水运港口之间的交通，担负着施工期间外来物资的运输任务。主要工作有：①计算外来物资、设备运输总量、分年度运输量与年平均昼夜运输强度。②选择对外交通方式及线路。提出选定方案的线路标准，重大部分施工措施，桥涵、码头、仓库、转运站等主要建筑物的规划与布置，水陆联运及与国家干线的连接方案，对外交通工程进度安排等。

（2）场内交通是指联系施工工地内部各工区、当地材料产地、堆渣场、各生产区、生活区之间的交通。场内交通须选定场内主要道路及各种设施布置、标准和规模。须与对外交通衔接。原则上对外交通和场内交通干线、码头、转运站等，由建设单位组织建设。至各作业场或工作面的支线，由辖区承包商自行建设。场内外施工道路、专用铁路及航运码头的建设，一般应按照合同提前组织施工，以保证后续工程尽早具备开工条件。

6. 施工工厂设施

为施工服务的施工工厂设施主要有：砂石加工、混凝土生产、风水电供应系统、机械修配及加工等。其任务是制备施工所需的建筑材料，风水电供应，建立工地内外通信联系，维修和保养施工设备，加工制造少量的非标准件和金属结构，使工程施工能顺利进行。

施工工厂设施，应根据施工的任务和要求，分别确定各自位置、规模、设备容量、生产工艺、工艺设备、平面布置、占地面积、建筑面积和土建安装工程量，提出土建安装进度和分期投产的计划。大型临建工程，要做出专门设计，确定其工程量和施工进度安排。

7. 施工总布置

施工总布置方案应遵循因地制宜、因时制宜、有利生产、方便生活、易于管理、安全可靠、经济合理的原则，经全面系统比较分析论证后选定。

施工总布置各分区方案选定后布置在 1 ∶ 2000 地形图上，并提出各类房屋建筑面积施工征地面积等指标。

其主要任务有：

（1）对施工场地进行分期、分区和分标规划。

（2）确定分期分区布置方案和各承包单位的场地范围。

（3）对土石方的开挖、堆料、弃料和填筑进行综合平衡，提出各类房屋分区布置一览表。

（4）估计用地和施工征地面积，提出用地计划。

（5）研究施工期间的环境保护和植被恢复的可能性。

8. 主要技术供应

根据施工总进度的安排和定额资料的分析，对主要建筑材料和主要施工机械设备，列出总需要量和分年需要量计划，必要时还需提出进行试验研究和补充勘测的建议，为进一步深入设计和研究提供依据。在完成上述设计内容时，还应绘制相应的附图 [a]。

---

a 钱波 . 水利水电工程施工组织设计［M］. 北京：中国水利水电出版社，2012.

二、施工准备工作的任务分析

（1）取得工程施工的法律依据：包括城市规划、环卫、交通、电力、消防、公用事业等部门批准的法律依据。

（2）通过调查研究，分析掌握工程特点、要求和关键环节。

（3）调查分析施工地区的自然条件、技术经济条件和社会生活条件。

（4）从计划、技术、物质、劳动力、设备、组织、场地等方面为施工创造必备的条件，以保证工程顺利开工和连续进行。

（5）预测可能发生的变化，提出应变措施，做好应变准备。

三、施工准备工作的具体内容

水利水电工程项目只有在初步设计项目已列入国家或地方投资计划、筹资方案已经确定、项目法人已经建立、已办理报建手续和有关土地使用权已经批准等条件后，施工准备方可进行。而在主体工程开工之前，必须完成各项施工准备工作。

（一）地形、地貌勘查

该调查要求提供水利水电工程的规划图、区域地形图（1∶10000～1∶25000）、工程位置地形图（1∶1000～1∶2000）、水准点及控制桩的位置、现场地形地貌特征等。对地形简单的施工现场，一般采用目测和步测；对场地地形复杂的，可用测量仪器进行观测，也可向规划部门、建设单位，勘查单位等进行调查。这些资料可作为选择施工用地、布置施工总平面图、场地平整及土方量计算、了解障碍物及数量的依据。

（二）工程地质勘查

工程地质勘查的目的是为查明建设地区的工程地质条件和特征，包括地层构造、土层的类别及厚度、土的性质、承载力及地震级别等。应提供的资料有：钻孔布置图；工程地质剖面图；土层类别、厚度，土壤物理力学指标，包括天然含水量、空隙比、塑性指数、渗透系数、压缩试验及地基土强度等；地层的稳定性、断层滑块、流沙；地基土的处理方法以及基础施工方法。

（三）水文地质勘查

水文地质勘查所提供的资料主要有以下两方面[a]：

（1）地下水文资料：地下水最高、最低水位及时间，包括水的流速、流向、

---

a　钟汉华，薛建荣.水利水电工程施工组织与管理［M］.北京：中国水利水电出版社，2005.

流量；地下水的水质分析及化学成分分析；地下水对基础有无冲刷、侵蚀影响等。所提供资料有助于选择基础施工方案、选择降水方法以及拟定防止侵蚀性介质的措施。

（2）地面水文资料：临近江河湖泊距工地的距离；洪水、平水、枯水期的水位、流量及航道深度；水质；最大最小冻结深度及冻结时间等。调查目的在于为确定临时给水方案、施工运输方式提供依据。

（四）气象资料

气象资料一般可向当地气象部门进行调查，调查资料作为确定冬、雨期施工措施的依据。主要包括：

（1）降雨、降水资料：全年降雨量、降雪量；一日最大降雨量；雨期起止日期；年雷暴日数等。

（2）气温资料：年平均、最高、最低气温；最冷、最热月及逐月的平均温度。

（3）风向资料：主导风向、风速、风的频率等。

（五）能源调查

能源一般指水源、电源、气源等。能源资料可向当地城建、电力、燃气供应部门及建设单位等进行调查，主要用作选择施工用临时供水、供电和供气的方式，为经济分析提供比较依据。调查内容主要有：施工现场用水与当地水源连接的可能性、供水距离、接管距离、地点、水压、水质及消费等资料；利用当地排水设施排水的可能性、排水距离、去向等；可供施工使用的电源位置、引入工地的路径和条件，可以满足的容量、电压及电费；建设单位、施工单位自有的发变电设备、供电能力；冬季施工时附近蒸汽的供应量、接管条件和价格；建设单位自有的供热能力；当地或建设单位可以提供的煤气、压缩空气、氧气的能力和它们至工地的距离等。

（六）交通运输调查

交通运输方式一般有铁路、公路、水路、航空等。交通资料可以向当地铁路、交通运输和民航等业务部门进行调查。收集交通运输资料时调查主要材料及构件运输通道的情况，包括道路、街巷，途经的桥涵宽度、高度、允许载重量和转弯半径限制等资料。有超长、超高、超宽或超重的大型构件、大型起重机械和生产工艺设备需整体运输时还要调查沿途架空、天桥的高度，并与有关部门商议避免大件运输业务、选择运输方式、提供经济分析比较的依据。

（七）主要材料及地方资源情况调查

其内容包括三大材料（钢材、木材和水泥）的供应能力、质量、价格、运费情况；地方资源如石灰石、石膏石、碎石、卵石、河沙、矿渣、粉煤灰等能否满足水利水电工程建筑施工的要求；开采、运输和利用的可能性及经济合理性。这些资源可向当地计划、经济等部门进行调查，作为确定材料供应计划、加工方式、储存和堆放场地及建造临时设施的依据。

（八）建筑基地情况

主要调查建设地区附近有无建筑机械基地、机械租赁站及修配厂；有无金属结构及配件加工厂；有无商品混凝土搅拌站和预制构件厂等。这些资料可用做确定构配件、半成品及成品等货源的加工供应方式、运输计划和规划临时设施。

（九）社会劳动力和生活设施情况

包括当地能提供的劳动力人数、技术水平、来源和生活安排；建设地区已有的可供施工期间使用的房屋情况；当地主副食及日用品供应、文化教育、消防治安、医疗单位的基本情况以及能为施工提供的支援能力。这些资料是制定劳动力安排计划、建立职工生活基地、确定临时设施的依据。

（十）施工单位调查

主要调查施工企业的资质等级、技术装备、管理水平、施工经验、社会信誉等有关情况。这些可作为了解总、分包单位的技术及管理水平，选择分包单位的依据。

在编制施工组织设计时，为弥补原始资料的不足，有时还可借助一些相关的参考资料作为编制依据，如冬雨期参考资料、机械台班产量参考指标、施工工期参考指标等。这些参考资料可利用现有的施工定额、施工手册、施工组织设计实例或通过平时施工实践活动获得。

第二节　水利工程项目组织管理

一、项目施工组织的方案管理

（一）拟定项目施工程序的注意事项

1. 注意项目施工顺序的安排

施工顺序是指互相制约的工序在施工组织上必须加以明确，而又不可调整的安排。建筑施工活动由于建筑产品的固定性，必须在同一场地上进行，如果没有前一阶段的工作，后一阶段就不能进行。在施工过程中，即使它们之间交错搭接地进行，也必须遵守一定的顺序。

项目施工顺序一般要求如下。

（1）先地下后地上：主要指应先完成基础工程、土方工程等地下部分，然后再进行地面结构施工，即使单纯的地下工程也应执行先深后浅的程序。

（2）先主体后围护：指先对主体框架进行施工，再施工围护结构。

（3）先土建后设备安装：先对土建部分进行施工，再进行机电金属结构设备等安装的施工。

2. 注意项目施工季节的影响

不同季节对项目施工有很大影响，它不仅影响施工进度，而且还影响工程质量和投资效益，在确定工程开展程序时，应特别注意。

（二）项目施工方法与施工机械的选择

项目施工方案编制的主要内容包括：确定主要的施工方法、施工工艺流程、施工机械设备等。

要加快施工进度、提高施工质量，就必须努力提高施工机械化程度。在确定主要工程施工方法时，要充分利用并发挥现有机械能力，针对施工中的薄弱环节，在条件许可的情况下，尽量制定出配套的机械施工方案，购置新型的高效能施工机械，提高机械动力的装备程度。

在安排和选用机械时，应注意以下几点。

（1）主导施工机械的型号和性能，既能满足构件的外形、重量、施工环境、建筑轮廓、高度等的需要，又能充分发挥其生产效率。

（2）选用的施工机械能够在几个项目上进行流水作业，以减少施工机械安装、拆除和运输的时间。[a]

（3）建设项目的工程量大而又集中时，应选用大型固定的机械设备；施工面大而又分散时，宜选用移动灵活的施工机械。

（4）选用施工机械时，还应注意贯彻土洋结合、大中小型机械相结合的方针。

二、项目施工组织设计的总体布置

---

a　戴金水，徐海升等.水利工程项目建设管理［M］.郑州：黄河水利出版社，2008：112.

（一）项目施工总布置的原则、基本资料和基本步骤

1. 项目施工总布置的作用

项目施工总平面图是拟建项目施工场地的总布置图，是项目施工组织设计的重要组成部分，它是根据工程特点和施工条件，对施工场地上拟建的永久建筑物、施工辅助设施和临时设施等进行平面和高程上的布置。施工现场的布置应在全面了解掌握枢纽布置、主体建筑物的特点及其他自然条件等基础上，合理的组织和利用施工现场，妥善处理施工场地内外交通，使各项施工设施和临时设施能最有效地为工程服务。保证施工质量，加快施工进度，提高经济效益，同时，也为文明施工、节约土地、减少临时设施费用创造了条件。另外，将施工现场的布置成果标在一定比例的施工地区地形图上，就构成施工现场布置图。绘制的比例一般为 1：1000 或者 1：2000。

2. 施工总布置的基本步骤

施工总布置的基本步骤：①收集分析整理资料。②编制并确定临时工程项目明细及规模。③施工总布置规划。④施工分区布置。⑤场内运输方案。⑥施工辅助企业及辅助设施布置。⑦各种施工仓库布置。⑧施工管理。⑨总布置方案比较。⑩修正完善施工总布置并编写文字说明。

3. 现场布置总规划

这是施工现场布置中的最关键一步。应该着重解决施工现场布置中的重大原则问题，具体包括：①施工场地是一岸布置还是两岸布置。②施工场地是一个还是几个，如果有几个场地，哪一个是主要场地。③施工场地怎样分区。④临时建筑物和临时设施采取集中布置还是分散布置，哪些集中哪些分散。⑤施工现场内交通线路的布置和场内外交通的衔接及高程的分布等。

（二）项目施工分区布置

1. 项目施工分区原则

在进行各分区布置时，应满足主体工程施工的要求。对以混凝土建筑物为主体的工程枢纽，应该以混凝土系统为重点，即布置时以砂石料的生产，混凝土的拌和、运输线路和堆弃料场地为主，重要的施工辅助企业集中布置在所服务的主体工程施工工区附近，并妥善布置场内运输线路，使整个枢纽工程的施工形成最优工艺流程。对于其他设施的布置，则应围绕重点来进行，确保主体工程施工。

2. 项目施工分区布置需考虑的事项

（1）破碎筛分和砂石筛分系统，应布置在采石场、砂石料场附近，以减少废料运输。若料场分散或受地形条件限制，可将上述系统尽量靠近混凝土搅拌系统。

（2）制冷厂主要任务是供应混凝土建筑物冷却用水、骨料预冷用水、混凝土搅拌用冷水和冰屑。冷水供应最好采用自流方式，输送距离不宜太远，以减少提水加压设备和冷耗。制冷厂的位置应布置在混凝土建筑物和混凝土系统附近的适当地方为宜。

（3）钢筋加工厂、木材加工厂、混凝土预制构件厂，三厂统一管理时称综合厂。其位置可布置在第二线场地范围内，并具备运输成品和半成品上坝的运输条件。

（4）机械修配厂、汽车修配厂是为工地机械设备和汽车修配、加工零件服务的。它的服务面广，有笨重的机械运出运入，占地面积较大，以布置在第二线或后方为宜，且靠近工地交通干线。

（5）供水系统。生产用水主要服务对象是砂石筛分系统、电厂、制冷厂、混凝土系统等，根据水源和取水条件、水质要求、供水范围和供水高程，合理布置。

（6）制氧厂具有爆炸的危险性，应布置在安全地区。

（7）工地房屋建筑和维修系统是为全工地房屋建筑和维修服务的，应布置在第二线或后方生活区的适当地点。

（8）砂石堆场、钢筋仓库、木材堆场、水泥仓库等都是专为企业储备、供应材料的，储存数量大，并与企业生产工艺有不可分割的关系，因此，这类仓库和堆场必须靠近它所服务的企业。

3. 分区布置方式

根据工程特点、施工场地的地形、地质、交通条件、施工管理组织形式等，施工总布置一般除建筑材料开采区、转运站及特种材料仓库外，可分为集中式、分散式和混合式3种基本形式。

（1）集中式布置。集中式布置的基本条件是枢纽永久建筑物集中在坝轴线附近，坝址附近两岸场地开阔，可基本上满足施工总布置的需要，交通条件比较方便，可就近与铁路或公路连接。因此，集中布置又可分为一岸集中布置和两岸集中布置的方式，但其主要施工场地应选择在对外交通线路引入的一岸。我国黄河龙羊峡水利枢纽是集中一岸式布置，而青铜峡、葛洲坝、丹江口等水利枢纽是集中两岸式布置的实例。

（2）分散式布置。分散式布置有两种情况。一种情况是枢纽永久建筑物集中布置在坝轴线附近，附属项目远离坝址，例如：坝址位于峡谷地区，地形狭窄，施工场地沿河的一岸或两岸冲沟延伸的工程，常把密切相关的主要项目靠近坝址布置，其他项目依次远离坝址布置。我国新安江水利枢纽就是因为地形狭窄而采取分散式布置的实例。另一种情况是枢纽建筑物布置分散，如引水式工程主体建筑物施工地段长达几公里甚至几十公里，因此常在枢纽首部、末端和引水建筑物中间地段设置主要施工分区，负责该地段的施工，此时应合理选择布置交通线路，妥善解决跨河桥渡位置等，尽量与其组成有机整体。我国鲁布革水利枢纽就是因为枢纽建筑物布置分散，而采用分散布置。

（3）混合式布置。混合式布置有较大的灵活性，能更好地利用现场地形（斜坡、滩地、冲沟等）和不同地段的场地条件，因地制宜选择内部施工区域划分。以各区的布置要求和工艺流程为主，协调内部各生产环节，就近安排职工生活区，使该区组成有机整体。黄河三门峡水利枢纽工程，就是因坝区地形特别狭窄，而采用混合式布置。把现场施工分区和辅助企业、仓库及居住区分开，施工临时设施，第一线布置在现场，第二线布置在远离现场 17 km 的会兴镇后方基地，现场与基地间用准轨铁路专线和公路连接。此外，刘家峡、碧口等枢纽工程也是混合式布置的实例。

4. 分区布置顺序

在施工场地分区规划以后，进行各项临时设施的具体布置，包括：①当对外交通采用标准轨铁路和水运时，首先确定车站、码头的位置，然后布置场内交通干线、辅助企业和生产系统，再沿线布置其他辅助企业、仓库等有关临时设施，最后布置风、水、电系统及施工管理和生活福利设施。②当对外交通采用公路时，应与场内交通连接成一个系统，再沿线布置辅助企业、仓库和各项临时设施。

（三）场内运输方案

场内运输方案：一是选择运输方式；二是确定工地内交通路线。本着有利生产、方便生活、安全畅通的原则，场内交通的布置要正确选择运输方式，合理布置交通线路。

1. 运输方案的内容

运输方案的内容有：①选择运输方式及其联运时的相互衔接方式，确定设备及其数量。②运输量及运输强度计算，物料流向分析。③选定运输方式的线路等级、标准及线路布置。④与选定方式有关的设施及其规模。⑤运输组织及运输能力复核。

2. 运输方案编制步骤

运输方案编制步骤：①按运输方案的内容要求初拟几个运输方案。②计算各方案的技术经济指标。③对各方案进行综合比较后，选择最优方案。

3. 场内运输方式选择

在选择主要运输方式时，要重点考虑两点：①选定的运输方式除应满足运输量之外，还必须满足运输强度和施工工艺的要求。②场内外运输方式尽可能一致，场内运输尽量接近施工和用料地点，减少转运次数，方便运输和管理。

4. 场内运输方案比较内容

运输方案的比较主要从以下几方面进行：①主要建设工程量。②运输线路的技术条件。③主要设备数量及其来源情况。④主要建筑材料需用量。⑤能源消耗量。⑥占地面积。⑦建设时间。⑧与生产或施工艺衔接、对施工进度保证情况。⑨直接及辅助生产工人数、全员数。⑩运输安全可靠性，工人劳动条件。⑪建设费用和运营费用。⑫其他项目。

其中，在对第⑪项进行对比时，通常优选建设费用和运营费用之和最小的方案。其工作内容包括：①计算主要工程项目的建筑工程量。②计算主要交通设备的购置量。③计算运输工程量。④确定建筑工程费用单价、运营费用单价和装卸费用单价。⑤计算各方案总费用，对其进行比较。

（四）项目施工仓库系统和转运站布置

1. 基本任务

仓库系统设计的基本任务是：实行科学管理，确保物资、器材安全完好，并及时准确地把物资器材供应给使用单位。同时，要求以最少的仓储费用取得最好的经济效果。仓库系统设计中应解决以下问题：①选定仓库位置和布置方案。②确定各种类仓库面积和结构形式。③确定各种材料在仓库中的储备数量。④选定仓库的装卸设备和仓库建设所需要材料的数量等。

2. 布置原则

仓库系统的布置原则：①仓库系统的布置，应符合国家有关安全防火等级规定。②大宗建筑材料应直接运往使用地点堆放，以减少施工现场的二次搬运。③应有良好的效能运输条件，以利器材、设备的进库、出库。④仓库系统应布置一定数量的起重装卸设备，以减轻工人的劳动强度。⑤服务对象单一的仓库，可靠近所服务的企业或施工地点；服务于较多的企业和工程的中心仓库，可布置在对外交通线路进入施工区的入口附近。⑥易燃、易爆材料仓库应布置在远离其他建筑物的下风处，并应满足防火间距的要求。

3. 各种仓库规模计算

（1）各种材料储存量计算。仓库规模决定于施工中各种材料储存量。储存量计算应根据施工条件、供应条件和运输条件确定。如施工和生产受季节影响的材料，必须考虑施工和生产的中断因素；依靠水运的材料则需考虑洪、枯水和严寒季节中影响运输的问题，储量可以加大些；还要考虑供应制度中有的材料要求一次储备的情况。其计算公式如下：

$$q = \frac{Q}{n}tk \qquad (7-1)$$

式中，q 为材料储存量，t 或 m³；Q 为高峰年材料总需要量，t 或 m³；n 为年工作天数；k 为不均匀系数，可取 1.2 ~ 1.5；t 为材料储备天数。

（2）材料、器材仓库面积计算公式：

$$W = \frac{q}{P_1 k} \qquad (7-2)$$

式中，W 为材料、器材仓库面积，m²；q 为材料储存量，t 或 m³；k 为仓库面积利用系数；P_1 为每 m² 有效面积的材料存放量，t 或 m³。

（3）施工设备仓库面积计算公式：

$$W = na\frac{1}{k} \qquad (7-3)$$

式中，W 为施工设备仓库面积，m²；n 为储存施工设备台数；a 为每台设备占地面积，m²；k 为面积利用系数，库内有行车时，$k=0.3$；库内无行车时，$k=0.17$。

（4）永久机电设备仓库面积。水轮发电机组零、部件保管分类见表 7-1，机组设备保管仓库面积，可按表 7-2 计算。

表 7-1　水轮发电机组零、部件保管分类

保管方式	设备名称	说明
露天堆场	尾水管里衬、转轮室里衬、蜗壳、座环、基础环、底环、顶盖、调整环、支持盖、导轴承支架、发电机上下机架、转子中心体、轮毂、轮臂、发电机上下支架、盖板、推力轴承支架、励磁机架	—
敞棚仓库	水轮机大轴、发电机大轴、导水叶、水涡轮、推力头、发电机转子铁心、空气冷却器、压油箱、接力器发电机定子瓣、漏油箱、导水叶套筒	1. 当推力头与镜板全为一体制造时，推力头应进保温仓库 2. 在起重条件允许下，发电机定子瓣，应进封闭仓库或保温仓库

保管方式	设备名称	说明
封闭仓库	主轴密封、油冷却器、油压装置集油槽、定子线棒、汇流排、磁极、机组各部连接螺栓、销钉、键、励磁机、永磁机、发电机制动器	在必要时，定子线棒及转子磁极可进保温仓库
保温仓库	各种电阻、信号温度计、转速信号机、水机自动化仪表、调速器操作柜、受油器、推力轴承弹性油箱镜板、推力瓦、导轴瓦、水导轴瓦、集电环、各种电工材料、电气备品备件	—

表7-2　机组设备保管仓库面积表

类别	估计公式	符号意义	备注
仓库总面积	$F_总 = 2.8Q$	$F_总$：设备库总面积，m^2；Q：同时保管在仓库内的机组设备总重量，t	包括铁路与卸货场的占地面积
仓库保管净面积	$F_保 = 0.5F_总$	$F_保$：仓库保管净面积，m^2	指仓库总面积中扣除铁路与卸货场占地后的部分
敞棚仓库	$F_棚 - 17\% \sim 20\% F_保$	$F_棚$：敞棚仓库净面积，m^2	—
封闭仓库	$F_闭 - 20\% \sim 25\% F_保$	$F_闭$：封闭仓库净面积，m^2	—
保温仓库	$F_温 - 8\% \sim 10\% F_保$	$F_温$：保温仓库净面积，m^2	—
露天仓库	$F_露 - 45\% \sim 55\% F_保$	$F_露$：露天仓库净面积，m^2	—

（5）仓库占地面积估算。

$$A = \sum WK$$

式中，A为仓库占地面积，m^2；W为仓库建筑面积或堆存场面积，m^2；K为占地面积系数，可按表7-3选用。

表7-3　仓库占地面积系数（K）参考指标

仓库种类	K	仓库种类	K	仓库种类	K
物资总库、施工设备库	4	机电仓库	8	钢筋、钢材库、圆木堆场	3 ~ 4
油库	6	炸药库	6	—	

注：表中系数应参考指标。

5. 特殊材料仓库设置要求

特殊材料仓库包括炸药库、油库等。

（1）炸药库。爆破材料与外部建筑物和其他区域之间的距离，应满足表7-4规定的要求。炸药、雷管等危险品仓库单库最大允许储存量可按表7-5控制。炸药库与雷管库的距离，见表7-6。

表7-4 爆破器材与其他建筑安全距离 单位：m

序号	建筑物距离		仓库内存药量（t）						
			150～200	100～150	50～100	30～50	20～30	10～20	≤10
1	工地住宅区边缘		1500	1350	1150	900	750	650	500
2	工地生产区建筑物		900	800	700	550	450	400	300
3	县以上公路、通航河流航道、非工地铁路支线		750	700	600	450	350	300	250
4	高压送电线路	110kV	750	700	600	450	350	300	250
		110kV线	450	400	350	250	200	200	200
5	国家铁路线		1050	950	800	650	550	450	350
6	零散住户边缘		900	800	700	550	450	400	300
7	村庄铁路车站边缘，区域变电站围墙		1500	1350	1150	900	750	650	500
8	10万人以下城镇边缘，其他工厂企业围墙		2300	2100	1800	1400	1200	1000	750
9	10万人以上城市边缘		4500	4100	3500	2700	2300	2000	1500

表7-5 单库最大允许存药量

序号	名称	单位	单库最大允许存药量
1	硝铵炸药	t	200
2	雷管、电雷管	万发	30
3	导火线	m	100

序号	名称	单位	单库最大允许存药量
4	胶质炸药	t	—

表7-6　炸药、雷管库间距离要求　　　　单位：m

库房名称	雷管数量（万发）									
	200	100	80	60	50	40	30	20	10	5
雷管库与炸药库	42	30	27	23	21	19	17	14	10	8
雷管库与雷管库	71	51	45	39	35	32	27	22	16	11

注：表中数字当两库中有一方有土堤时，按表中数值增大比值为1.7；当双方均无土堤时，其增大比值为3.3。无论查表或计算结果如何，库房间距离不得小于35m。

（2）油库。油库允许储存油量，见表7-7。附建油库储油量，见表7-8。储油罐的间距，见表7-9。

表7-7　油库允许最大储油量　　　　单位：t

储存方式	易燃油品闪点≤45℃	可燃油品闪点>45℃
地下液体储罐	2000	10000
地下液体储罐、半地下液体储罐	1000	5000

表7-8　附建油库允许储油量　　　　单位：t

储存方式		易燃油品	可燃油品
用防火墙隔开，有独立出入口的专门房间	桶装	20	100
	油罐	30	150
油罐设在地下室或半地下室	桶装	0.1	0.5
	油罐	1	5
油罐设在地下室或半地下室		不许可	300

表7-9　储油罐间距要求表　　　　单位：t

储油罐形式	罐壁之间的距离	储油罐形式	罐壁之间的距离
地上立式或卧圆柱形油罐	不小于相邻油罐较大一个的直径	钢筋混凝土和砖石结构油罐	按地上距离减少35%，但不小于5m

续表

储油罐形式	罐壁之间的距离	储油罐形式	罐壁之间的距离
矩形地上油罐	不小于相邻两罐中大罐的两条垂直连长总和的一半	半地下油罐	按地上油罐的75%计
不同形状油罐	相邻两罐最大罐的直径	地下油罐内壁间距	不小于1 m

6. 转运站设置

转运站一般由仓库、料棚、堆场、办公室、宿舍、住宅、厨房等组成。

（1）转运量。视枢纽工程外来物资、器材来源的情况而定。通常生活物资和建筑材料由邻近县城乡镇直接运达工地，不需转运，需转运的主要是水泥、钢材、机械设备、油料、煤炭及其他材料等，一般转运材料数量在60%左右。

（2）公路转运站各项指标。公路转运站各项指标，见表7-10。

表7-10 公路运输转运站参考指标表

项目		昼夜运转量（t）				
		200	400	600	800	1000
人员人数	生产工人（装、卸、搬运）	50	100	150	200	250
	管理人员	4	8	12	16	20
	勤杂人员	2	4	6	8	10
	合计 包装、卸、搬运	6	12	18	24	30
	合计 包装、卸、搬运	56	112	168	224	280
房屋建筑面积（m²）	库棚 储存3 d	900	2400	2700	3600	4500
	库棚 储存4 d	1200	3000	3600	4800	6000
	库棚 储存5 d	1500		4500	6000	7500
	办公房屋	28	56	84	112	140
	宿舍 扣装、卸、搬运	24	48	72	96	120
	宿舍 包装、卸、搬运	240	402	606	804	1008
	住宅 扣装、卸、搬运	90	180	270	360	450
	住宅 包装、卸、搬运	765	1530	2250	3015	4780
	食堂 扣装、卸、搬运	10	12	18	24	30
	食堂 包装、卸、搬运	36	72	108	144	180
设备	起重机 Q=8～15 t	1台	1台	1台	2台	2台
	载重汽车	1辆	1辆	1辆	2辆	2辆
占地面积（m²）	储存3d 扣装、卸、搬运	5260	10480	15720	20960	26200
	储存3d 包装、卸、搬运	9845	19300	28740	38375	53040

项目			昼夜运转量（t）				
			200	400	600	800	1000
占地面积 （m²）	储存 4 d	扣装、卸、搬运 包装、卸、搬运	6760 11345	13480 22300	20220 3240	26960 44375	33700 60540
	储存 5 d	扣装、卸、搬运 包装、卸、搬运	8260 12845	16480 25300	24720 37740	33000 50415	41200 68040

7. 仓库系统的装卸作业

（1）仓库装卸作业方式的选择。应根据物资特性、货运强度、储存方式、储存场地的地形条件、装卸机械供应条件，合理选择装卸作业方式。

尽量减少装卸作业环节，装卸作业各环节的不同类型机械的装卸能力，要相互适应，保证装卸作业方式。

尽可能选择效率高的装卸机具，以缩短装卸时间。

装卸机具尽可能选择一机多能的高效轻型机械。

装卸作业方式应与仓库内部作业情况、工作关系、相互距离及装卸作业的要求相适应。

（2）装卸设备。各种起重设备，如汽车式起重机、轮胎起重机、铁路起重机、固定旋转式起重机、门座式起重机、装载机、带式输送机、叉车及气动泵等均可作为仓库系统的装卸设备。

（3）装卸机械数量计算公式：

$$N = \frac{QK_1}{ETFCK_2K_3} \qquad (7-4)$$

式中，N 为各类装卸机械数量，台；Q 为各类装卸机械年平均装卸量；E 为年工作日数，d；T 为每班工作小时数，h；F 为工作班次，视生产需要和运输可能而定；C 为各类机械，不同操作过程装卸各种货物的生产率，t/台时；K_1 为不均衡系数，公路取1.1 ~ 1.4，铁路取1.15 ~ 1.2；K_2 为台班时间利用系数，取0.85；K_3 为各类机械完好率，取0.75 ~ 0.85。

（五）项目施工管理及生活福利设施设计

项目施工工地的管理和生活设施一般包括：办公室、汽车库、职工休息室、开水库、食堂、俱乐部和浴室等。在施工组织设计中，这些设施的布置在满足使用需要的前提下，要与工地内的其他设施统筹规划，并根据工地工人数计算其规模。

1. 居住建筑的布置

（1）布置原则。

①居住建筑根据场地的自然条件，可以分散布置在各自的生产区附近或相对集中布置于离生产区稍远的地点。无论是分散或集中布置，单职工宿舍、民工宿舍、职工家属住宅应各有相对的独立区段，且与生产区有明显界限。一般单职工宿舍、民工宿舍应靠近生产区或施工区，家属住宅则应布置在靠后的地方。

②居住建筑尽可能选在有较好朝向的地段。北方要有必要的日照时间，防止寒风吹袭；南方避开西晒，争取自然通风。

③考虑必要的防震抗灾措施和绿化美化环境措施。

（2）居住建筑布置的形式。

①行列式布置。建筑按一定的朝向和合理间距，成行成列布置，形成一个个建筑组群，再由若干个组群组成生活区。这种布置有利于通风和较好的日照条件，外观整齐。适合于地形起伏地段，结合地形灵活布置。

②沿路线布置。建筑物沿交通线路布置，视地形情况，可以单行或多行平行于道路或垂直于道路布置，或组成小院落。建筑物距道路要有一定距离，最好设置围墙，使出入口集中。这种布置卫生、安全条件差，噪音干扰大。

③零散布置。在较陡山地，利用局部缓坡分散布置，适合在施工区附近布置单职工或民工宿舍。

2. 公共建筑的布置

公共建筑的项目内容、定额、指标，可根据实际情况，参照国家有关规定，设置必要的项目和选用定额。

（1）公共建筑分级配置。第一级：工地生活区。以工地全部居民为服务对象，布置必要的、规模较大的公共建筑，形成整个工地的服务中心。项目内容包括影剧院、医院、招待所、商店、浴室、理发店、中小学、运动场等。第二级：居住小区。以小区内居民为服务对象，设置居民日常必需的服务项目，形成区域中心。项目内容可包括托儿所、门诊部、百货店、理发店、职工食堂、锅炉房等。居住区规模较小时，可以只设营业点或分店。

（2）生活区服务中心布置。考虑合理的服务半径，设置在居民集中、交通方便、并能反映工地生活区面貌的地段。其布置方式有三种：

第一种，沿街道线状布置。连续布置在街道的一侧或两侧交叉口处。布置集中紧凑，使用方便。但不宜布置在车流量大的交通干线上，并在适当位置设置必要的广场，供车辆停放和人流集散等。

第二种，成片集中布置。布置紧凑，设施集中，节约用地，使用方便。布置时应考虑按功能分区，留有足够的出入口、停车场等。

第三种，沿街和成片集中混合布置。各种布置方式各有优缺点和一定的适应条件，布置时应因地制宜合理选用。

3. 施工管理及生活福利建筑面积计算

（1）人口组成。

工地职工人口总数，是衡量施工组织和管理水平的主要标志之一。施工组织设计应在加强企业管理，劳动组织，提高施工机械化水平和劳动生产率等方面采取有效措施，尽量减少工地职工总人数。这是节约投资，减少征地，缩短工期，加快水利水电工程建设的重要途径。

工地职工总人数，应根据总进度提供的劳动力曲线（包括辅助企业生产人员），取高峰年连续 3 个高峰月的平均劳动力，另计非生产人员约 14%，缺勤（伤、病、事、探亲假）为 5% ~ 8%。

临时工的比例，视各工程的具体情况而定，一般为职工总人数的 10% ~ 30%。

根据我国目前水利水电工程的实际情况，另列有关单位派驻工地人员（包括设计代表组、建设单位质检组、工程筹建处、工程监理人员、建设单位代表等），约为固定职工总人数的 1% ~ 2%。

（2）固定职工的计算指标及面积定额。

①职工家属住宅。鉴于有基地，带家眷比可取 27% ~ 33%，其中有 50% 为双职工，即每百名职工住户数为 18 ~ 22 户。建筑面积定额为：平房 25 ~ 30 m^2/ 户，楼房 35 ~ 40 m^2/ 户。

②单身宿舍。单身宿舍人数可按固定职工总人数的 67% ~ 73% 计算，楼房 5.5 ~ 6.5 m^2/ 人。

③托儿所。入托幼儿人数可按固定职工人数按照 8% ~ 12% 计算，建筑面积定额取 5 ~ 6 m^2/ 人。

④职工子弟学校（小学、初中）。入学人数可按固定职工人数的 13% ~ 17% 计算，建筑面积定额取 3 ~ 4 m^2/ 人。

⑤职工医院。按固定职工 100% 计算，面积定额取 0.45 ~ 0.55 m^2/ 人。

⑥浴室及理发室。按固定职工 100% 计算，面积定额取 0.25 ~ 0.30 m^2/ 人。

⑦职工食堂。包括主副食加工、备餐间、餐厅、仓库、管理人员办公室等。按固定职工 100% 计算，面积定额 0.45 ~ 0.60 m^2/ 人。

⑧商业服务业。包括百货店、副食品店、粮店、储蓄所、邮局、电信及其他服务行业。按固定职工人数 100% 计算，面积定额取 0.35 ～ 0.40 m^2/人。

⑨影剧院、俱乐部。包括图书阅览室、游艺室、电视等。按固定职工 100% 计算，面积定额取 0.3 ～ 0.4 m^2/人。

⑩招待所。按固定职工 2.5% 计算，面积定额取 6.4 ～ 7.2 m^2/人。

⑪行政管理用房。按固定职工 100% 计算，面积定额取 0.02 ～ 0.03 m^2/人。

（3）临时工的计算指标及面积定额

①单身宿舍。按临时工 100% 计算，建筑面积定额取 3 ～ 4 m^2/人，楼房取 4 ～ 5 m^2/人。

②管理系统用房。按临时工 100% 计算，面积定额取 0.70 m^2/人（包括行政办公室及仓库等）。

③福利设施用房。按临时工 100% 计算，面积定额医务室 0.35 m^2/人，浴室和理发室 0.20 m^2/人，临时工食堂 0.45 m^2/人，影剧院和俱乐部 0.3 m^2/人，小计 1.3 m^2/人，应分项汇总列入工程的各单项建筑物面积。

（4）综合指标

①固定职工的家属住宅和单身宿舍采用楼房时，建筑面积的综合指标取 14 ～ 16 m^2/人，采用平房时面积取 11 ～ 13 m^2/人。

②临时工宿舍采用楼房时建筑面积的综合指标取 6 ～ 7 m^2/人，采用平房时面积取 5 ～ 6 m^2/人。

汇总以上成果，水利水电工程住宅及配套项目定额指标，见表 7-11。

办公用房面积：办公室定员按固定职工总人数的 8% ～ 12% 计算，建筑面积定额 6 ～ 7 m^2/人。

（六）项目施工总体布置方案比较

1. 主要比较项目

对于不同枢纽和特定条件，根据方案比较所研究的内容，确定主要比较的项目。

（1）定量项目。

①占地面积。

②运输工作量（t·km）、爬坡高度。

③临建工程及其造价（场地平整工程、交通、挖填方和长度）。

④场内交通工程技术指标。

表7-11　职工住宅及配套项目定额指标

工种	项目	百人指标	面积定额（m²）	综合指标（m²/人）	备注
固定职工	家属住宅	18～22户	每户35～40	6.3～8.8	平房4.5～6.6 m²/人
	单身宿舍		每床5.5～6.5	4.02～4.36	
	托儿所、幼儿园	13～17人	每人5～6	0.40～0.72	平房 3.29～3.69 m²/人
	子弟小学、初中		每人3～4	0.39～0.68	
	职工医院		每人0.45～0.3	0.45～0.55	
	浴室、理发室		每人0.25～0.30	0.25～0.30	
	职工食堂		每人0.45～0.55	0.45～0.60	
	商业服务业		每人0.35～0.60	0.35～0.40	
	影剧院、俱乐部		每人0.30～0.40	0.30～0.40	
	招待所		每床6.4～7.2	0.16～0.18	
	行政管理用房		每人0.02～0.03	0.02～0.03	
	综合指标			14～16	
临时工	单身宿舍		每人4～5	4.0～5.0	平房3.0～4.0 m²/人
	管理系统用房		每人0.70	0.70	
	福利设施用房		每人1.30	1.30	
	综合指标			6.0～7.0	

注：（1）公用设施（开水房、煤气站、公厕等）控制在职工每人0.25 m²左右为宜。

（2）严寒或边远地区综合指标每个职工增加1.0 m²。

⑤可达到的防洪标准。

（2）定性项目。

①布置方案能否充分发挥施工工厂的生产能力。

②满足施工总进度和施工强度的要求。

③施工设施、站场、临时建筑物的协调和干扰情况。

④施工分区的合理性。

⑤研究当地现有企业为工程施工服务的可能性和合理性。

3. 修正、完善施工总布置

施工临时设施的平面布置完成后，经过方案比较，需要对施工总布置进一步进行修正、完善。对于不够协调的布置要进行调整，最后编制总布置和有关的技术经济指标图表，完成施工总布置设计。

施工总布置设计成果主要有：①施工总布置图，比例 1：2000～1：10000。②施工对外交通图。③居住小区规划图，比例 1：500～1：1000。④施工征地范围图和面积一览表。⑤临建项目及规模一览表。⑥准备工程量一览表。⑦施工用地分期征用示意图。

三、项目沟通管理

所谓沟通，是人与人之间的思想和信息的交换，是将信息由一个人传达给另一个人，逐渐广泛传播的过程。著名组织管理学家巴纳德认为"沟通是把一个组织中的成员联系在一起，以实现共同目标的手段"。没有沟通，就没有管理。沟通不良几乎是每个企业都存在的老毛病，企业的机构越是复杂，其沟通越是困难。往往基层的许多建设性意见未及反馈至高层决策者，便已被层层扼杀，而高层决策的传达，常常也无法以原貌展现在所有人员之前。

（一）项目沟通管理的定义及特征

项目沟通管理，就是为了确保项目信息合理收集和传输，以及最终处理所需实施的一系列过程。项目沟通管理具有以下特征：

1. 复杂

每一个项目的建立都与大量的公司、企业、居民、政府机构等密切相关。另外，大部分项目都是由特意为其建立的项目团队实施的，具有临时性。因此，项目沟通管理必须协调各部门以及部门与部门之间的关系，以确保项目顺利实施。

2. 系统

项目是开放的复杂系统。项目的确立将全部或局部的涉及社会政治、经济、文化等诸多方面，对生态环境、能源将产生或大或小的影响，这就决定了项目沟通管理应从整体利益出发，运用系统的思想和分析方法，全过程、全方位地进行有效的管理。

（二）项目沟通管理的重要性

对于项目来说，要科学的组织、指挥、协调和控制项目的实施过程，就必须进行信息沟通。没有良好的信息沟通，对项目的发展，会存在着制约作用。具体来说，项目沟通管理主要有以下几方面的作用：

1. 决策和计划的基础

项目班子要想做出正确的决策，必须以准确、完整、及时的信息作为基础。

2. 组织和控制管理过程的依据和手段

只有通过信息沟通，掌握项目班子内的各方面情况，才能为科学管理提供依据，才能有效地提高项目班子的组织效能。

3. 建立和改善人际关系

信息沟通，意见交流，将许多独立的个人、团体、组织贯通起来，成为一个整体。畅通的信息沟通，可以减少人与人的冲突；改善人与人，人与班子之间的关系。

4. 项目经理成功领导的重要手段

项目经理通过各种途径将意图传递给下级人员并使下级人员理解和执行。如果沟通不畅，下级人员就不能正确理解和执行领导意图，项目就不能按经理的意图进行，最终导致项目混乱甚至项目失败。

（三）项目沟通管理的方法

1. 正式沟通与非正式沟通

（1）正式沟通是通过项目组织明文规定的渠道进行信息传递和交流的方式。它的优点是沟通效果好、有较强的约束力。缺点是沟通速度慢。

（2）非正式沟通指在正式沟通渠道之外进行的信息传递和交流。这种沟通的优点是沟通方便，沟通速度快，且能提供一些正式沟通中难以获得的信息，缺点是容易失真。[a]

2. 上行沟通、下行沟通和平行沟通

（1）上行沟通。上行沟通是指下级的意见向上级反映，即自下而上的沟通。

（2）下行沟通。下行沟通是指领导者对员工进行的自上而下的信息沟通。

（3）平行沟通。平行沟通是指组织中各平行部门之间的信息交流。在项目实施过程中，经常可以看到各部门之间发生矛盾和冲突，除其他因素外，部门之间互不通气是重要原因之一。保证平行部门之间沟通渠道畅通，是减少部分之间冲突的一项重要措施。

3. 单向沟通与双向沟通

单向沟通是指发送者和接受者两者之间的地位不变（单向传递），一方只发送信息，另一方只接受信息方式。这种方式信息传递速度快，但准确性较差，有时还容易使接受者产生抗拒心理。

双向沟通中，发送者和接受者两者之间的位置不断交换，且发送者是以协商和讨论的姿态面对接受者，信息发出以后还需及时听取反馈意见，必要时双方可进行多次重复商谈，如交谈、协商等，直到双方共同明确和满意为止。其优点是

---

a　祁丽霞. 水利工程施工组织与管理实务研究［M］. 北京：中国水利水电出版社，2014：135.

沟通信息准确性较高，接受者有反馈意见的机会，能够产生平等感和参与感，增加自信心和责任心，有助于建立双方的感情。

除此之外，沟通还包括书面沟通、口头沟通、言语沟通和体语沟通，此处不再赘述。

（四）促进沟通的措施

开会、谈判、谈话、做报告是最常见的沟通方式，其他如对外拜访、约见等。据统计，企业中70%的问题是由于沟通障碍引起的，工作效率低、执行力差、领导力不高等，归根结底都与沟通有关。因此，提高管理沟通水平特别重要。

1. 首先让管理者意识到沟通的重要性

沟通是管理的高境界，许多企业管理问题多是由于沟通不畅引起的。良好的沟通可以使人际关系和谐，顺利完成工作任务，达成绩效目标。沟通不良则会导致生产力、品质与服务不佳，使得成本增加。

2. 公司内建立良性的沟通机制

沟通的实现有赖于良好的机制，包括正式渠道、非正式渠道。员工不会做期望他去做的事，只会去做奖励他去做的事和考核他去做的事，因此公司内引入沟通机制很重要。应纳入制度化、轨道化，使信息传递更快、更顺畅，达到高效高能的目的。

3. 从"头"开始抓沟通

企业的老总、老板是个相当重要的人物。老总必须以开放的心态来做沟通，来制定沟通机制。公司文化即老板文化，他直接决定是否能建立良性机制，是否能构建一个开放的沟通机制，因而要求老总以身作则，在公司内部构建"开放的、分享的"企业文化。

4. 以良好的心态与员工沟通

与员工沟通必须把自己放在与员工同等的位置上，"开诚布公""推心置腹""设身处地"，否则当大家位置不同就会产生心理障碍，致使沟通不成功。沟通应抱有"五心"，即尊重的心、合作的心、服务的心、赏识的心、分享的心。只有具有这"五心"，才能使沟通效果更佳，尊重员工，学会赏识员工，与员工在工作中不断地分享知识、分享经验、分享目标、分享一切值得分享的东西。

只要与员工保持良好的沟通，让员工参与进来，自下而上，而不是自上而下，在企业内部形成运行的机制，就可实现真正的管理。只要大家目标一致，群策群力，众志成城，企业所有的目标都会实现。那样，公司赚的钱会更多，员工也将会干得更有劲、更快乐，企业将会越做越强，越做越大，为社会创造的财富也就越多。

参考文献

［1］赵宝璋. 水资源管理［M］. 北京：水利电力出版社，1994.

［2］张立中. 水资源管理［M］. 第3版. 北京：中央广播电视大学出版社，2014.

［3］毛春梅. 水资源管理与水价制度［M］. 南京：河海大学出版社，2012.

［4］林洪孝. 水资源管理理论与实践［M］. 北京：中国水利水电出版社，2003.

［5］刘陶. 经济学区域水资源管理中的实践［M］. 武汉：湖北人民出版社，2014.

［6］张孝军，李才宝. 可持续的水资源管理［M］. 郑州：黄河水利出版社，2005.

［7］何俊仕，尉成海，王教河. 流域与区域相结合水资源管理理论与实践［M］. 北京：中国水利水电出版社，2006.

［8］任树梅. 水资源保护［M］. 北京：中国水利水电出版社，2003.

［9］张林祥. 水资源保护［M］. 北京：水利电力出版社，1987.

［10］潘奎生，丁长春. 水资源保护与管理［M］. 长春：吉林科学技术出版社，2019.

［11］杨波. 水环境水资源保护及水污染治理技术研究［M］. 北京：中国大地出版社，2019.

［12］刘贤娟，梁文彪. 水文与水资源利用［M］. 郑州：黄河水利出版社，2014.

［13］崔振才，杜守建，张维圈，等. 工程水文及水资源［M］. 北京：中国水利水电出版社，2008.

［14］舒展，邸雪颖. 水文与水资源学概论［M］. 哈尔滨：东北林业大学出版社，2012.

［15］刘俊民，余新晓. 水文与水资源学［M］. 北京：中国林业出版社，

1999.

〔16〕王海雷，王力，李忠才，等．水利工程管理与施工技术〔M〕．北京：九州出版社，2018.

〔17〕王东升，徐培蓁，等．水利水电工程施工安全生产技术〔M〕．徐州：中国矿业大学出版社，2018.

〔18〕王东升，常宗瑜，等．水利水电工程机械安全生产技术〔M〕．徐州：中国矿业大学出版社，2018.

〔19〕马振宇，贾丽炯，等．水利工程施工〔M〕．北京：北京理工大学出版社，2014.

〔20〕颜宏亮，于雪峰，等．水利工程施工〔M〕．郑州：黄河水利出版社，2009.

〔21〕吴安良等．水利工程施工〔M〕．北京：中国水利水电出版社，1992.

〔22〕周克己，鲁志勇，等．水利工程施工〔M〕．北京：中央广播电视大学出版社，2001.

〔23〕倪庚祥．水利工程施工〔M〕．北京：水利电力出版社，1990.

〔24〕刘庆飞，梁丽，等．水利工程施工组织与管理〔M〕．郑州：黄河水利出版社，2013.

〔25〕苗兴皓，高峰．水利工程施工技术〔M〕．北京：中国环境出版社，2017.

〔26〕姜国辉，王永明，等．水利工程施工〔M〕．北京：中国水利水电出版社，2013.

〔27〕王胜源，黄红万，杨付贵，等．水利工程施工监理〔M〕．北京：中国水利水电出版社，2013.

〔28〕孟秀英．水利工程施工组织与管理〔M〕．武汉：华中理工大学出版社，2013.

〔29〕杜守建，周长勇，杨永振，等．水利工程技术管理技能训练〔M〕．郑州：黄河水利出版社，2015.

〔30〕颜宏亮．水利工程施工〔M〕．西安：西安交通大学出版社，2015.

〔31〕段喜明．农业水利工程技术〔M〕．北京：中国社会出版社，2006.

〔32〕梅孝威．水利工程技术管理〔M〕．北京：中国水利水电出版社，2000.